以网络为基础的科学活动环境研究系列

网络计算环境：资源管理与互操作

栾钟治　李晓林　姜进磊　单志广　著

科学出版社

北　京

内 容 简 介

本书以多重视角全面系统地讲述了以网格计算系统为代表的网络计算环境中资源管理和互操作相关的概念、方法、技术、系统及应用实例。全书由网格资源管理、网格监控和网格互操作三部分组成。

书中针对资源管理与互操作的概念、架构和技术细节等相关问题提出了解决方案，并给出了统一的抽象化模型和大量的应用实践。这些内容大多数来自于作者多年来在相关领域的研究成果和实际项目工作。

全书内容丰富，知识跨度较大，对网络计算领域的研究和技术人员有重要的参考价值，也可供高等院校相关专业的教师和研究生参考。

图书在版编目 (CIP) 数据

网络计算环境：资源管理与互操作/栾钟治等著. —北京：科学出版社，2014.10
（以网络为基础的科学活动环境研究系列）
ISBN 978-7-03-042155-5

Ⅰ．①资…　Ⅱ．①栾…　Ⅲ．①计算机网络—信息管理
Ⅳ．①TP393.07

中国版本图书馆 CIP 数据核字 (2014) 第 237669 号

责任编辑：任　静 / 责任校对：郭瑞芝
责任印制：徐晓晨 / 封面设计：迷底书装

科 学 出 版 社 出版
北京东黄城根北街 16 号
邮政编码：100717
http://www.sciencep.com

北京厚诚则铭印刷科技有限公司 印刷
科学出版社发行　各地新华书店经销

*

2014 年 10 月第　一　版　开本：720×1 000　1/16
2018 年 3 月第二次印刷　印张：14 3/4
字数：275 000

定价：72.00 元
（如有印装质量问题，我社负责调换）

"以网络为基础的科学活动环境研究系列"编委会

序

近年来，以网络为基础的科学活动环境已经引起了各国政府、学术界和工业界的高度重视，各国政府纷纷立项对网络计算环境进行研究和开发。我国在这一领域同样具有重大的应用需求，同时也具备了一定的研究基础。以网络为基础的科学活动环境研究将为高能物理、大气、天文、生物信息等许多重大应用领域提供科学活动的虚拟计算环境，必然将对我国社会和经济的发展、国防、科学研究，以及人们的生活和工作方式产生巨大的影响。

以网络为基础的科学活动环境是利用网络技术将地理上位置不同的计算设施、存储设备、仪器仪表等集成在一起，建立大规模计算和数据处理的通用基础支撑结构，实现互联网上计算资源、数据资源和服务资源的广泛共享、有效聚合和充分释放，从而建立一个能够实现区域或全球合作或协作的虚拟科研和实验环境，支持以大规模计算和数据处理为特征的科学活动，改变和提高目前科学研究工作的方式与效率。

目前，网络计算的发展基本上还处于初始阶段，发展动力主要来源于"需求牵引"，在基础理论和关键技术等方面的研究仍面临着一系列根本性挑战。以网络为基础的科学活动环境的主要特性包括：

(1)无序成长性。Internet 上的资源急剧膨胀，其相互关联关系不断发生变化，缺乏有效的组织与管理，呈现出无序成长的状态，使得人们已经很难有效地控制整个网络系统。

(2)局部自治性。Internet 上的局部自治系统各自为政，相互之间缺乏有效的交互、协作和协同能力，难以联合起来共同完成大型的应用任务，严重影响了全系统综合效用的发挥，也影响了局部系统的利用率。

(3)资源异构性。Internet 上的各种软件/硬件资源存在着多方面的差异，这种千差万别的状态影响了网络计算系统的可扩展性，加大了网络计算系统的使用难度，在一定程度上限制了网络计算的发展空间。

(4)海量信息共享复杂性。在很多科学研究活动中往往会得到 PB 数量级的海量数据。由于 Internet 上信息的存储缺少结构性，信息又有形态、时态的形式多样化的特点，这种分布的、半结构化的、多样化的信息造成了海量信息系统中信息广泛共享的复杂性。

鉴于人们对于网络计算的模型、方法和技术等问题的认识还比较肤浅，基于Internet 的网络计算环境的基础研究还十分缺乏，以网络为基础的科学活动环境还存在着许多重大的基础科学问题需要解决，主要包括：

(1) 无序成长性与动态有序性的统一。Internet 是一个无集中控制的不断无序成长的系统。这种成长性表现为 Internet 覆盖的地域不断扩大，大量分布的异构的资源不断更新与扩展，各局部自治系统之间的关联关系不断动态变化，使用 Internet 的人群越来越广泛，进入 Internet 的方式不断丰富。如何在一个不断无序成长的网络计算环境中，为完成用户任务确定所需的资源集合，进行动态有序的组织和管理，保证所需资源及其关联关系的相对稳定，建立相对稳定的计算系统视图，这是实现网络计算环境的重要前提。

(2) 自治条件下的协同性与安全保证。Internet 是由众多局部自治系统构成的大系统。这些局部自治系统能够在自身的局部视图下控制自己的行为，为各自的用户提供服务，但它们缺乏与其他系统协同工作的能力及安全保障机制，尤其是与跨领域系统的协同工作能力与安全保障。针对系统的局部自治性，如何建立多个系统资源之间的关联关系，保持系统资源之间共享关系定义的灵活性和资源共享的高度可控性，如何在多个层次上实现局部自治系统之间的协同工作与群组安全，这些都是实现网络计算环境的核心问题。

(3) 异构环境下的系统可用性和易用性。Internet 中的各种资源存在着形态、性能、功能，以及使用和服务方式等多个方面的差异，这种多层次的异构性和系统状态的不确定性造成了用户有效使用系统各种资源的巨大困难。在网络计算环境中，如何准确简便地使用程序设计语言等方式描述应用问题和资源需求，如何使软件系统能够适应异构动态变化的环境，保证网络计算系统的可用性、易用性和可靠性，使用户能够便捷有效地开发和使用系统聚合的效能，是实现网络计算环境的关键问题。

(4) 海量信息的结构化组织与管理。Internet 上的信息与数据资源是海量的，各个资源之间基本上都是孤立的，没有实现有效的融合。在网络计算环境下如何实现高效的数据传输,如何有效地分配和存储数据以满足上层应用对于数据存取的需求，以及有效的数据管理模式与机制，这些都是网络计算环境中数据处理所面临的核心问题。为此需要研究数据存储的结构和方法，研究由多个存储系统组成的网络存储系统的统一视图和统一访问，数据的缓冲存储技术等海量信息的组织与管理方法。

为此，国家自然科学基金委员会于 2003 年启动了"以网络为基础的科学活动环境研究"重大研究计划，着力开展网络计算环境的基础科学理论、体系结构与核心技术、综合试验平台三个层次中的基本科学问题和关键技术研究，同时重点建立高能物理、大气信息等网络计算环境实验应用系统，以网络计算环境中所涉及的新理论、新结构、新方法和新技术为突破口，力图在科学理论和实验技术方面实现源头创新，提高我国在网络计算环境领域的整体创新能力和国际竞争力。

在"以网络为基础的科学活动环境研究"重大研究计划执行过程中，学术指导专家组注重以网格标准规范研究作为重要抓手,整合重大研究计划的优势研究队伍,推动集成、深化和提升该重大研究计划已有成果，促进学术团队的互动融合、技术方法的标准固化、研究成果的集成升华。在学术指导专家组的研究和提议下，该重大研究计划于 2009 年专门设立和启动了"网格标准基础研究"专项集成性项目（No.90812001），基于重大研究计划的前期研究积累，整合了国内相关国家级网格项目平台的核心研制单位和优势研究团队，在学术指导专家组的指导下，重点开展了网格术语、网格标准的制定机制、网格标准的统一表示和形式化描述方法、网格系统结构、网格功能模块分解、模块内部运行机制和内外部接口定义等方面的基础研究，形成了《网格标准的基础研究与框架》专题研究报告，研究并编制完成了网格体系结构标准、网格资源描述标准、网格服务元信息管理规范、网格数据管理接口规范、网格互操作框架、网格计算系统管理框架、网格工作流规范、网格监控系统参考模型、网格安全技术标准、结构化数据整合、应用部署接口框架（ADIF）、网格服务调试结构及接口等十二项网格标准研究草案，其中两项已列入国家标准计划，四项提为国家标准建议，十项经重大研究计划指导专家组评审成为专家组推荐标准，形成了描述类、操作类、应用类、安全保密类和管理类五大类统一规范的网格标准体系草案，相关标准研究成果已在我国三大网格平台 CGSP、GOS、CROWN 中得到初步应用，成为我国首个整体性网格标准草案的基础研究和制定工作。

本套丛书源自"网格标准基础研究"专项集成性项目的相关研究成果，主要从网络计算环境的体系结构、数据管理、资源管理与互操作、应用开发与部署四个方面，系统展示了相关研究成果和工作进展。相信本套丛书的出版，将对于提升网络计算环境的基础研究水平、规范网格系统的实现和应用、增强我国在网络计算环境基础研究和标准规范制订方面的国际影响力具有重要的意义。

是以为序。

北京大学教授
国家自然科学基金委员会"以网络为基础的科学活动环境研究"
重大研究计划学术指导专家组组长
2014 年 10 月

前　　言

网络计算系统的资源管理旨在把网络上分布的资源聚合起来，构造一个用户可以方便使用的统一系统。它与系统的动态性、开放性、异构性这三个特征都密切相关。资源管理要屏蔽资源的异构性，这可以在不同层次完成，同时，资源管理要面对的不仅是硬件资源，还有软件资源。在服务计算的概念出现以后，通常把各类资源都统一抽象成服务，通过服务调用的机制来使用资源。

目前，由于大规模分布式网络计算应用的迫切需求，以网络环境为基础的跨域分布式计算技术和平台一直是学术界和工业界研究的热点，随着网格计算、虚拟化和云计算等概念和技术的不断发展，相关的研究和实践可谓如火如荼。而其中资源的管理与互操作是最核心的关键问题之一。理解相关概念和技术的演化对该领域的研究和科学技术的发展具有重要的作用，了解相关技术的发展对领域应用的研究具有重要的指导意义。

作者以多年在相关领域的研究工作为基础，结合本领域的国内外工作展开论述，同时进行大量的实践和实际应用的描述，强调应用支撑的重要性。写作力求深入浅出，为读者提供丰富的信息。

本书的内容分为三篇，共 13 章。第一篇为网格资源管理，由第 1～6 章组成，首先概述了网格资源管理的目标、功能、基本操作和基本的表示方法，接着系统分析了相关的国内外研究进展和主流技术，在此基础上，细致地分析阐述了网格资源的描述模型和表示方法以及资源的发现和访问机制，最后，通过织女星网格系统作为实例，进一步阐述了资源管理方法和技术的具体应用。第二篇为网格监控，由第7～9 章组成，首先简要概述了网格监控的概念、技术难点、模型、系统分类以及典型监控系统，接着详细论述了网格监控标准的设计思路和方法，最后通过实际系统作为网格监控标准的参考实现，详细介绍了面对实际应用需求的系统设计与实现。第三篇为网格互操作，由第 10～13 章组成，首先描述了网格互操作的基本概念、方法以及互操作模型，然后分别介绍了网格作业互操作、数据互操作和安全互操作的抽象模型和方法，接着分别针对数据互操作和安全互操作给出了两种具体的实现技术，即基于网关的数据互操作和跨域的安全令牌服务，最后，通过两个实际的网格系统互操作案例，详细描述了在真实场景下如何考虑和解决互操作当中遇到的问题。

全书由单志广负责整体内容策划和最终的审定工作，由栾钟治负责具体的内容编排、第三篇内容的组织、撰写和全书的统稿工作，李晓林负责第一篇内容的组织和撰写，姜进磊负责第二篇内容的组织和撰写。感谢孟由、杨海龙负责全书的文字检查、参考文献编排等工作。其他参与文字工作的还有颜秉恒、梁晓星等。对他们的辛勤劳动表示感谢。

　　本书内容丰富，知识跨度较大，对网络计算领域的研究和技术人员、分析人员和爱好者均有参考价值，也可供高等院校相关研究者和学生作为参考资料及教材使用。

　　本书作者们的研究工作得到了国家自然科学基金项目"网格标准基础研究"（No.90812001）的资助，并得到了国家自然科学基金委员会"以网络为基础的科学活动环境研究"重大研究计划学术指导专家组的悉心指导，在此表示深深的谢意！

　　网络计算环境下的资源管理和互操作是一个不断演进和发展的方向，业界对它的研究与实践也仍在不断深入。由于我们的学识有限，全书涉及的内容又较为宽泛，加之时间比较仓促，书中的不妥之处在所难免，敬请读者不吝赐教。

作　者

2014 年 8 月

目　　录

第二篇　网格监控

第三篇　网格互操作

第一篇　网格资源管理

第 1 章

网格资源管理概述

当前不论是科学计算、商业计算、企业计算、家庭计算还是个人计算，几乎无一例外都是以网络为基础的计算环境。网络为基础的计算环境的一个基础性问题就是资源的表示和访问问题，这是资源管理、资源共享、资源交互、资源计算的基础。云计算技术、网格技术提供了跨组织、跨地域资源共享和协同的技术与方法，通过这些技术可以协同分散在各地的大量科研资源来求解复杂的科研问题，也可以实现广域范围内的商业计算和信息共享。就像 TCP/IP 协议是互联网的核心一样，为了实现跨地域的资源及计算力协同共享的目的，同样需要制定一系列的标准和规范，如统一命名/术语、统一计算资源的属性和语义描述、功能实现的技术方法等。网格资源表示与访问标准提供一套资源接入网格系统的规范和接口，以及访问和利用网格资源的接口标准。

1.1 网 格 资 源

网格资源是指所有能够通过网格远程使用的实体，包括计算机软件、计算机硬件、设备和仪器、人类资源等。计算机软件资源包括系统软件、应用程序、数据等；计算机硬件资源包括处理器、存储器、硬盘，以及其他计算机设施；设备和仪器包括通信介质、天文望远镜、显微镜、传感器等；人类资源是网格上最具有伸缩性的资源，它是指人的知识、能力等多种因素。

网格资源的种类很多，功能各异，可以从不同的角度将它们分成不同的类别。根据资源能否移动可将资源分为可移动资源和不可移动资源。可移动资源包括数据、程序、代码等，不可移动资源是无法通过网格操作实现地理位置移动的资源，如各种硬件、设备。根据资源是否可重复使用的特性可将资源分为可重复使用的资源和不可重复使用的资源。根据资源是否可复制的特性可将网格资源分为可复制资源和不可复制资源，可复制资源是指可以通过指令或服务请求把一份资源变为多份，如数据、应用程序、服务等。

网格中的资源具有以往集群系统、并行系统和分布式系统中的资源所不具备的特点。第一个特点是异构性，网格中的资源种类繁多，功能各异，访问接口也不尽相同，本地管理系统不同，共享规则不同。第二个特点是动态性，网格中的资源可自由地随时加入和离开网格系统，资源的可用状态、服务能力、负载等都随时间而动态变化。第三个特点是自治性，网格资源由本地管理机构管理，网格资源的使用必须遵循资源拥有者的管理策略。第四个特点是二分性，网格资源是由具体的资源拥有者提供的，除了专门提供给网格用户使用的网格资源之外，大部分资源同时作为网格用户可以使用的网格资源和资源拥有者自己使用的本地资源，网格资源的使用必须要保证资源本身的安全、资源拥有者的利益以及使用该资源的其他网格用户的合法权益。

网格资源的这些特点决定了网格资源管理系统应当隐藏异构性，为用户提供统一的访问接口；要屏蔽动态性，保证用户使用的质量；要尊重资源的本地管理机制和策略；要仔细审查网格用户的请求，确保网格资源的安全和资源拥有者的权益。

网格中的资源共享不同于以往的计算机之间的文件交换和远程登录，而是直接访问计算机、软件、数据、设备和仪器等资源。网格资源由其拥有者决定何时、何人、怎样使用。

1.2　资源管理的目的和功能

网格资源管理的任务就是把网格中分散的各种资源管理起来，使多个资源请求者可以共享使用网格中的同一个资源，资源请求者可以根据业务需要同时或先后使用网格中的多个资源，而不需要资源请求者付出额外的劳动。资源管理的目的包括以下三个方面。

(1)为用户提供访问资源的简单接口。资源管理模块隐藏资源实际使用的复杂技术细节，将物理资源抽象为逻辑资源，并提供给用户。

(2)协调资源的共享使用。资源管理模块采用排队策略、分时共享策略或其他策略决定多个请求者如何使用同一个资源，这些策略是根据资源本身的特性和拥有者制定的策略确定的。同时资源管理模块还应支持一个请求者请求使用多个资源的需要。

(3)代替请求者去使用资源，并建立安全的网格资源使用机制。资源管理器作为超级用户，代替网格用户在资源上进行工作，用户请求时，资源管理器为该用户在资源本地建立一个进行活动的场所——用户容器，用户在容器内使用资源。容器严格定义了用户拥有的权限和可进行的操作等。通过这种方式避免了多个网格用户在资源的同一个本地账号下活动的隐患。容器可在请求时动态地建立并在请求结束后撤销，同一资源上用户容器的数目很少，不会带来大的管理负担。

资源管理模块除了管理资源的使用过程以外，更重要的是管理资源的整个生命周期，即资源的注册、共享到注销的整个过程。此时，资源管理器需要具备的基本功能包括：资源注册、资源发现、资源部署、资源代理和资源注销。

1.3　资源管理操作

网格资源管理模块的基本操作有以下七个，实际的资源管理可以在这些基本操作的基础上提供更复杂的操作。

1.3.1　资源信息收集

资源管理器主要收集和存储两类信息。一类是资源在加入网格时报告自己的相关信息，如资源名称、类型、拥有者信息等，资源管理器将其记录下来，供使用该资源的应用或用户使用。另一类是网格内动态产生的资源信息，如资源使用情况等。

1.3.2　资源信息更新

资源信息经常会随时间而变化，如可用 CPU 数目的变动、资源负载、使用情况等。资源管理器周期性地更新这些信息，以免过期信息造成资源使用故障。信息更新频率的确定至关重要，频繁的更新可以及时反映资源的实际信息，但会增加通信的负担。

1.3.3　资源发现

资源发现是资源拥有者和资源请求者之间的纽带，通过该机制，资源请求者才能从数目巨大的资源中发现并使用自己请求的资源。资源发现机制是根据资源请求者的资源请求描述，从网格上为请求者找到满足该描述要求的合适资源，并返回该资源的唯一标识符。

1.3.4　资源分配

资源分配的依据是作业提交者用作业描述语言声明的参数，以及资源拥有者对资源使用所制定的策略。在拥有多资源和多用户的动态网格环境中，资源的分配需要考虑以下两种情况，一是如何从多个可用的资源中选择合适的一个或多个资源分配给请求用户使用，二是如何从请求同一资源的众多请求者中决定哪个或哪些请求者允许使用资源。通常而言，资源分配的输出结果是请求者的作业与资源的匹配关系，以及使用资源的时段、资源能力(CPU 数目、存储空间、软件使用许可证数目等)、使用权限等。

1.3.5　资源定位

资源定位是根据资源的属性描述获得相应资源物理地址的过程。网格中每个资源都有唯一的物理地址，用户通过该地址实现对资源的访问，但该地址是供机器使用的，不易被人理解。实际上，用户使用网格资源时，不需要知道物理地址，而是用属性描述的方式指定所需资源，并把描述提交给网格，网格中的转换机制再把资源的属性描述转换成用户可以访问的资源的实际物理地址。

1.3.6 资源迁移

资源迁移是可移动网格资源从一个位置移动到另一个位置的过程，包括服务迁移、作业迁移、数据迁移、软件迁移等。资源迁移的依据是资源的使用情况和网格中可承载该资源的节点运行情况。资源迁移的目的是提高用户访问资源的速度与效率，以及网格负载的平衡。

1.3.7 资源预约

资源预约是资源请求者在正式使用资源之前，向资源拥有者请求其使用时段内把所需资源预约给自己使用，并保证所需的服务质量。具体的预约请求包括 CPU 数目、存储空间、网络带宽、软件使用许可证数目等。资源预约可分为提前预约和立即预约两种，提前预约是预约时间在开始使用时间之前的预约，立即预约的预约时间等于开始使用时间，即预约后马上使用。按预约资源数目分，资源预约包括单资源预约和多资源联合预约，多资源联合预约是常见的形式，它需要对用户应用所需的多个资源，如远程数据传输所需的存储空间和网络传输带宽，全部进行预约。

1.4 网格资源表示

网格资源的统一描述和访问的表示规范是网格资源管理、发现、访问等标准化的基础，主要涉及资源描述(包括计算资源的描述，存储资源的描述，主机及逻辑计算机的表示、资源的描述)，资源选定描述、资源组织描述(包括对于顺序的描述和对于组合的描述)，异构资源的统一访问方法和接口(包括对计算资源、软件资源、存储资源等的访问)等 4 个方面的内容。研究内容将涉及主机向集群管理节点声明资源、集群向网格任务管理节点声明资源、用户向任务管理节点申请资源、资源的需求表示、任务节点的需求组织、任务节点的分布、作业的提交执行、数据的存储管理和传输等问题。

第 2 章

资源管理研究与相关技术

计算技术的发展，尤其是网络技术的出现和快速发展，使得研制公开开放的标准，解决网络资源的表示和访问问题成为学术界的研究热点。新型计算模式的出现，导致各种资源表示模型和技术层出不穷。

2.1 URI 模型

2.1.1 URI、URL、URN 之间的关系

在计算机术语中，统一资源标识符(uniform resource identifier，URI)是一个用于标识某一互联网资源名称的字符串，是当前最广泛使用的网络资源表示模型。该标识允许用户对网络(一般指万维网)中的资源通过特定的协议进行交互操作。URI由包括确定语法和相关协议的方案所定义。

其中，URL(uniform resource locator)和 URN(uniform resource name)方案属于 URI 的子类，大致上属于不相交集合。技术上讲，URL 和 URN 属于资源 ID；但是，人们往往无法将某种方案归类于两者中的某一个：所有的 URI 都可被作为名称看待，而某些方案同时体现了两者中的不同部分(图 2-1)。

URI 可被视为定位符(URL)、名称(URN)或两者兼备。统一资源名(URN)如同一个人的名称，而统一资源定位符(URL)代表一个人的住址。换言之，URN 定义某事物的身份，而 URL 提供查找该事物的方法。

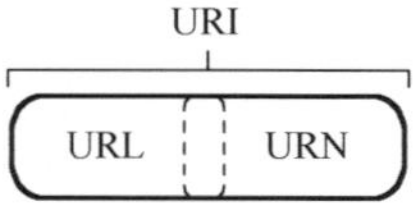

图 2-1 URI 与 URL 和 URN 的关系

URI 是标识一个互联网资源，并指定对其进行操作或取得该资源的方法的 URL。可能通过对主要访问手段的描述，也可能通过网络"位置"进行标识。例如，http://www.wikipedia.org/ 这个 URL，标识一个特定资源(首页)并表示该资源的某种形式(如以编码字符表示的，首页的HTML代码)是可以通过HTTP协议从 www.wikipedia.org 这个网络主机获得的。URN 是基于某命名空间通过名称指定资源的 URI。人们可以通过 URN 来指出某个资源，而无需指出其位置和获得

方式。资源是无需基于互联网的。例如，URN urn:isbn:0-395-36341-1 指定标识系统（即国际标准书号ISBN）和某资源在该系统中的唯一表示的 URI，它可以允许人们在不指出其位置和获得方式的情况下谈论这本书。

技术刊物，特别是IETF和W3C发布的标准中，通常不再使用"URL"这一术语，因为很少需要区别 URL 和 URI。但是，在非技术文献和万维网软件中，URL 这一术语仍被广泛使用。此外，术语"网址"（没有正式定义）在非技术文献中时常作为 URL 或 URI 的同义词出现，虽然往往其指代的只是"http"和"https"协议。

关于 URI 的讨论多源于题目为《W3C/IETF URI 规划联合小组报告：统一标识资源符（URI），URL 和统一资源名（URN）：阐明与建议》[1]的RFC 3305文件。这一RFC 文件描述了一个以统一 W3C 和 IETF 内部对于各种"UR*"术语之间关系的不同看法为目的而设立的 W3C/IETF 联合工作小组的工作。虽然未作为标准被这两个组织所发布，但该文件确立了上述种种共识，并就此催生了许多标准的诞生。

2.1.2 URI 的发展历史

URI 与 URL 有着共同的历史。在 1990 年，Tim Berners-Lee的关于超文本的提案[2]间接地引入了使用 URL 作为一个表示超链接目标资源的短字符串的概念。当时，人们称之为"超文本名"或"文档名"。在之后的三年半中，由于万维网的HTML（超文本标记语言）核心技术、HTTP与浏览器都得到了发展，区别提供资源访问和资源标记的两种字符串的必要性开始显现。虽然其尚未被正式定义，但"统一资源定位符"这一术语开始被用于代表前者，而后者则由"统一资源名称"所表示。

在关于定义 URL 和 URN 的争论中，人们注意到两者事实上基于同一个基础的"资源标识"的概念。在 1994 年 6 月，IETF发布了 Berners-Lee 的RFC 1630，（非正式地)指出了 URL 和 URN 的存在，并进一步定义了"通用资源标识符"——语义和语法由具体协议规定的类 URL 字符串的规范文法。此外，该 RFC 文档亦尝试定义了其时正被使用着的 URL 协议的文法，同时指出(但并未标准化)了相对 URL 和片段标识符的存在。

1994 年 12 月，RFC 1738正式定义了绝对和相对 URL，改进了 URL 文法，定义了如何解析 URL 为绝对形式，并更加完善地列举了其时正处于使用中的 URL 协议。而 URN 定义和文法直到 1997 年 5 月RFC 2141公布后才正式统一。

1998 年 8 月，随着RFC 2396的发表，URI 文法形成了独立的标准，同时RFC 1630和 RFC 1738 中关于 URI 和 URL 的许多部分也得到了修订和增补。新 RFC 修改了"URI"中"U"的含义：它开始代表统一(uniform)而不再是通用(universal)。RFC 1738中总结了 URL 协议的部分被移至另外一篇独立文档中。IANA 保留着这些协议的注册信息，而RFC 2717首次描述了注册它们的流程。

在 1999 年 12 月，RFC 2732对 RFC 2396 进行了小幅更新，开始允许 URI 包括IPv6

地址。一段时间以后，在两个标准中暴露出的一些问题促使了一系列的修订草案的发展，这些草案被统称为 RFC 2396bis。这一由 RFC 2396 的共同作者 Roy Fielding 引导协调的集体努力，由 2005 年 1 月 RFC 3986 的发布推至了顶峰。该 RFC 文档成为了现今在互联网上被推荐使用的 URI 文法版本，并使得 RFC 2396 成为了历史。然而，它却并未替代现有的 URL 协议细节；RFC 1738 继续管辖着大多数协议，除了某些已被它取而代之的场合——如被 RFC 2616 改良的"HTTP"协议等。与此同时，IETF 发布了 RFC 3986，亦即完整的 STD 66 标准，标识着 URI 通用文法正式成官方因特网协议。

在 2002 年 8 月，RFC 3305 指出，虽然术语"URL"仍被广泛地用于日常用语之中，但其本身已几乎被废弃。其现在的功用，仅是作为对于某些 URI 因包含某种指示着网络可达性的协议而作为地址存在的提醒而已。基于 URI 的众多标准，如资源描述框架等，已经清楚地表明，资源标识本无需指出通过互联网获得资源副本的方法，亦无需指出资源是否基于网络。

在 2006 年 11 月 1 日，W3C 技术架构小组公布了《连接替代副本使查找和发布可行化》，一个对于发布给定资源的多个版本的权威 URI 和其最佳实践的指导。例如，内容可能因用于访问资源的设备的支持性和设定不同，而语言或大小上有所调整以适应这种差异。

语义网使用 HTTP URI 协议以标识文档和现实世界中的概念：这使得人们就如何区分二者产生了一些困扰。W3C 技术架构小组 (TAG) 在 2005 年 6 月发布了一封关于如何解决这一问题的电子邮件，该邮件被称为"http 范围-14 决议"。

为了扩充这个(相当简短的)电子邮件，W3C 在 2008 年 3 月发布了互联网组注释《用于语义网的酷 URI》。这一文档详细阐释了内容协商和 303 重定向码的使用。

2.1.3　URI 引用

另一种类型的字符串——"URI 引用"，代表一个 URI 并(相应地)代表被该 URI 所标识的资源。非正式使用中，URI 和 URI 引用的区别少有被提及，但协议文档自然不应允许歧义的存在。

URI 引用可取用的格式包括完整 URI、URI 中协议特定的部分，或其后附部分——甚至是空字符串。一个可选的片段标识符以 # 开头，可出现在 URI 引用的结尾。引用中，# 之前的部分间接标识一个资源，而片段标识符则标识资源的某个部分。

为从 URI 引用获得 URI，软件将 URI 引用与一个绝对"基址"基于一个固定算法合并，并转换为"绝对"形式。系统将 URI 引用视作相对于基址 URI，虽然在绝对引用的情况下基址并无意义。基址 URI 一般标识包含 URI 引用的文档，但仍可被文档内包含的声明，或外部数据传输协议所包括的声明改写。若基址 URI 包括一个片段标识符，则该标识符在合并过程中被忽略。如果在 URI 引用中出现片段标识符，则在合并过程中被保留。

网络文档标记语言时常使用 URI 引用指向其他资源，如外部文档或同一逻辑文档的其他部分等。

在HTML中，img 元素的 src 属性值是 URI 引用，a 或 link 元素的 href 属性值亦如是。

在XML中，在一个DTD中的 SYSTEM 关键字之后出现的系统描述符是一个无片段的 URI 引用。

在XSLT中，xsl:import 元素/指令的 href 属性值是一个 URI 引用，document()函数的第一个参数与之相仿。

2.1.4　URI 解析

解析一个 URI 意味着将一个相对 URI 引用转换为绝对形式，或者通过尝试获取一个可解引 URI或一个 URI 引用所代表的资源来解引用这个 URI。文档处理软件的"解析"部分通常同时提供这两种功能。

一个 URI 引用可以是一个同文档引用：一个指向包含 URI 引用自身的文档的引用。文档处理软件可有效地使用其当前的文档资源来完成对于同文档引用的解析而不需要重新取得一份资源。这只是一个建议——文档处理软件自然可以选用另外的方法来决定是否获取新资源。

截至 2009 年的 URI 规范 RFC 3986，将一个同文档引用的 URI 定义为"当解析为绝对形式时与引用的基文档地址完全一致的文档"。一般来说，基文档 URI 就是包含引用的文档的 URI。例如，XSLT 1.0 包括 document()函数以实现这一功能。RFC 3986 同时也正式定义了 URI 等效性，可以被用来判断一个与基 URI 不同的 URI 是否表示同一个资源，并因此可以被认为是同文档引用。

RFC 2396 给出了一个不同的判断同文档引用的方法；RFC 3986 替代了 RFC 2396，但 RFC 2396 仍旧作为许多规范和实现的基础而存在。这一规范将一个空字符串或仅包括#字符和可选的片段标识符组成的 URI 引用定义为同文档引用。

2.1.5　URI 与 XML 命名空间

XML拥有一个叫作命名空间的，可包含元素集和属性名称的抽象域的概念。命名空间的名称(一个必须遵守通用 URI 文法的字符串)用于标识一个 XML 命名空间。但是，命名空间的名称一般不被认为是一个 URI，因为 URI 规范定义了字符串的"URI 性"是根据其目的而不是其词法组成决定的。一个命名空间名称同时也并不一定暗示任何 URI 协议的语义，例如，一个以"http:"开头的命名空间名称很可能与HTTP协议没有任何关系。XML 专家们就这一问题进行了深入的辩论，一部分人认为命名空间名称可以是 URI，由于包含一个具体命名空间的名称集可以被看作是一个被标识的资源，也由于"XML 中的命名空间"规范的一个版本指出过命名空间名称"是"一个 URI 引用[3]。但是，集体共识似乎指出一个命名空间名称只是一个凑巧看起来像 URI 的字符串，仅此而已。

早先，命名空间名称是可以匹配任何非空 URI 引用的语法的，但后来的一个对于"XML 命名空间建议"的订正废弃了相对 URI 引用的使用。一个独立的、针对 XML 1.1 的命名空间的规范允许使用 IRI 引用作为命名空间名称的基准，而不仅是 URI 引用。

为了消除 XML 新人中产生的对于 URI(尤其是 HTTP URL)的使用的困惑，一个被称为 RDDL(资源目录描述语言)的描述语言被建立了，虽然 RDDL 的规范并没有正式地位，也并没有获得任何相关组织(如 W3C)的检查和支持。一个 RDDL 文档可以提供关于一个特定命名空间和使用它的 XML 文档的机器与人类都能读懂的信息。XML 文档的作者鼓励使用 RDDL 文档，这样一旦文档中的命名空间名称被索引，(系统)就会取得一个 RDDL 文档，而许多开发者对于让命名空间名称指向网络可达资源的需求就能得到满足。

2.2　OGSA 服务框架

2003 年在加拿大多伦多举行的由 IBM、Sun 和微软公司共同提议召开的全球 Grid 论坛(Global Grid Forum)，把目标锁定在把网格计算技术与 Web 服务[4]计算结合起来提供商务应用服务，从而将网格计算技术从科学计算领域引入到商务应用领域。这是一次学术界与商业界联姻的盛会。这次会议引发了 IBM、Sun 和微软采取行动将网格计算与 Web 服务相结合，实现一种使业务交易在分布于 Internet 上的服务器上运行的技术。推广这一概念的技术公司期望最终提供像"永远可用的计算能力"这样的服务。IBM、微软、Sun 以及其他一些公司已经正在试图把网格计算技术作为商务应用的主流技术。

开放网格服务架构(open grid services architecture，OGSA)[5]标准提供了一个开放的框架来指导分布系统的集成、虚化及相应的管理。框架需要定义一套核心的接口、行为、资源模型及绑定。OGSA 定义了对网格的核心能力的要求和通用的参考架构。规范虽然没有定义编程级别的接口或者保证实现的互操作性，但它定义了对于特定应用环境应当包括的基本功能。

围绕 OGSA 还有相应的流程、规范、应用纲要以及相应实现的软件[6]。除了定义整个框架的架构以外，相应的应用案例、服务描述文档、场景文档、指南及路线图展示了 OGSA 工作组也是 OGSA 从架构到实现的考虑(图 2-2)。应用案例、路线图和架构构成了基础的文档。场景和服务描述驱动了下一步完整性的定义，由信息文档、推荐标准和指南(纲要定义和模型指南)共同约束生成最终的应用纲要，并由这些应用纲要来具体限定实际上采用的规范和信息模型。

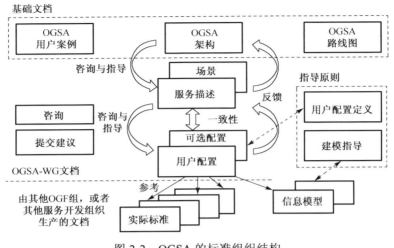

图 2-2　OGSA 的标准组织结构

OGSA 的文档主要分为四个大类，信息类文档、正式文档、推荐纲要、信息类纲要。

2.2.1　Web Service 基础

选择 Web Service 作为基础架构和框架意味着 OGSA 系统和应用会具有面向服务架构的特点，同时服务接口使用 WSDL（web services description language）来定义。当前，W3C 的推荐标准是 WSDL 2.0 版本。同时使用 XML 作为通用语，用于 SOAP（当然，有时在特定场景下可能使用其他的表述方式）作为 OGSA 服务消息交换的主要格式。同时，需要开发和 WS 互操作（WS-I）相一致的服务。虽然在 Web Service 的框架下工作，但是很显然 Web Service 的标准不能也不是为了网格系统设计和运行的。在一些案例中，现存的规范需要进行修改或者扩展。OGSA 架构师也参与到 WSDL 2.0，以及 WS-security 和其他相关的规范当中，同时，在文档中指出现有规范需要进行扩展的领域。在另一些案例中，网格的需求激发了其他一些新的服务定义。

2.2.2　命名

传统的分布式系统通常支持 2～3 层命名方案。OGSA 中的命名服务（OGSA-naming）使用三层协定。每一个被命名的 OGSA 实体都应当有（可选的）面向用户可阅读的名字（human name）、一个抽象名字（abstract name）、一个地址（address）。

1. 命名方案

面向用户可阅读的名字通常供人类阅读。命名空间是分级的，通常具有语法限

制。分级的命名空间允许名字的每个部分被映射到特定的上下文中去。例如，UNIX
文件名"node1:/var/log/error"var 的上下文就是名叫"node1"的机器的根目录，"log"
的上下文是目录"var"，"error"文件的上下文是"日志"。OGSA-naming 命名服务
不要求面向用户的名字必须是唯一的。许多不同的命名方案都存在，本书不再描述。

　　抽象名字是不指定位置的永久的名字。通常推荐抽象名字具有全局时空的唯一
性。在 WS-name[7] 中的抽象名字元素和 Legion Object Identifier[8] 都是抽象名字的
例子。需要一提的是，需要一种机制映射面向用户阅读的名字和抽象名字，这超越
了本书的探讨范围，本书不再描述。

　　地址定义一个实体所处的位置。例如，WS-addressing EPR（endpoint reference）[9]，
内存地址、IP 地址/端口对，都是地址的例子。同样，需要一种机制映射抽象名字和
地址，这超越了本书的探讨范围，本书不再描述。

　　2. 命名策略

　　OGSA 中的地址架构在 WS-addressing EPR（endpoint reference）上。WS-addressing
EPR 支持扩展，可以定义 EPR 规范之外的其他的元素。因此可以定义 WS-addressing
应用纲要来支持更多的功能。例如，定义的抽象名字就是 WS-naming 应用纲要。客
户端或者 Web Service 端点选择支持应用纲要能够获得更多的信息，在更有效的通
信手段的支持下能够从特定种类的通信失败中恢复。不支持应用纲要的客户端或者
Web Service 端点同样可以正常运行。为了保证命名的连贯性，OGSA 要求使用
WS-addressing EPR，同时鼓励使用应用纲要来增强 WS-addressing EPR 的功能。

2.3　WSRF 框架

2.3.1　WSRF 的提出

　　在 OGSA 刚提出不久，GGF 及时推出了开放网格服务基础架构（open grid
services infrastructure，OGSI）草案，并成立了 OGSI 工作组，负责该草案的进一步
完善和规范化。OGSI 是作为 OGSA 核心规范提出的，其 1.0 版于 2003 年 7 月正式
发布。OGSI 规范通过扩展 Web 服务定义语言 WSDL 和 XML Schema 的使用，来解
决具有状态属性的 Web 服务问题。它提出了网格服务的概念，并针对网格服务定义
了一套标准化的接口，主要包括：服务实例的创建、命名和生命期管理、服务状态
数据的声明和查看、服务数据的异步通知、服务实例集合的表达和管理，以及一般
的服务调用错误的处理等。

　　OGSI 通过封装资源的状态，将具有状态的资源建模为 Web 服务，这种做法引
起了"Web 服务没有状态和实例"的争议，同时某些 Web 服务的实现不能满足网格

服务的动态创建和销毁的需求。OGSI 单个规范中的内容太多，所有接口和操作都与服务数据有关，缺乏通用性，而且 OGSI 规范没有对资源和服务进行区分。OGSI 使用目前的 Web 服务和 XML 工具不能良好的工作，因为它过多地采用了 XML 模式，如 xsd:any 基本用法、属性等，这可能带来移植性差的问题。另外，由于 OGSI 过分强调网格服务和 Web 服务的差别，导致两者之间不能更好地融合在一起。上述原因促使了 Web 服务资源框架 (web service resource framework，WSRF)[10] 的出现。

WSRF 采用了与网格服务完全不同的定义：资源是有状态的，服务是无状态的。为了充分兼容现有的 Web 服务，WSRF 使用 WSDL 1.1 定义 OGSI 中的各项能力，避免对扩展工具的要求，原有的网格服务已经演变成了 Web 服务和资源文档两部分。WSRF 推出的目的在于，定义出一个通用且开放的架构，利用 Web 服务对具有状态属性的资源进行存取，并包含描述状态属性的机制，另外也包含如何将机制延伸至 Web 服务中的方式。

2.3.2　WSRF 的技术规范

WSRF 是一个服务资源的框架，是五个技术规范的集合，表 2-1 总结了这些技术规范。这些规范定义了以下五个方法。

(1) Web 服务资源可以与销毁请求同步或者通过提供基于时间的析构 (destruct) 机制来销毁，而且指定的资源特性可以被用来检查和检测 Web 服务资源的生存期。

(2) Web 服务资源的类型定义可以由 Web 服务的接口描述和 XML 资源特性文档来组成，并且可以通过 Web 服务消息交换来查询和更改 Web 服务资源的状态。

(3) 如果 Web 服务内部所包含的寻址或者策略信息变得无效或者过时时，Web 服务端点引用 (Web 服务寻址) 可以被更新。

(4) 可以定义异构的通过引用方式结合在一起的 Web 服务集合，不管这些服务是否属于 Web 服务资源。

(5) 通过使用用于基本错误的 XML Schema 类型以及扩展这个基本错误类型的规则应用到 Web 服务中，使得 Web 服务中的错误报告可以更加标准化。

表 2-1　WSRF 中 5 个标准化的技术规范

名称	描述
WS-resource life time	Web 服务资源的析构机制，包括消息交换，它使请求者可以立即或者通过使用基于时间调度的资源终止机制来销毁 Web 服务资源
WS-resource properties	Web 服务资源的定义，以及用于检索、更改和删除 Web 服务资源特性的机制
WS-renewable references	定义了 WS-addressing 端点引用的常规装饰 (a conventional decoration)，该 WS-addressing 端点引用带有策略信息，用于在端点变为无效的时候重新找回最新版本的端点引用
WS-service group	连接异构的通过引用的 Web 服务集合的接口
WS-base faults	当 Web 服务消息交换中返回错误的时候所使用的基本错误 XML 类型

WSRF 规范是针对 OGSI 规范的主要接口和操作而定义的,它保留了 OGSI 中规定的所有基本功能,只是改变了某些语法,并且使用了不同的术语进行表达。表 2-2 给出了 OGSI 各项功能和 WSRF 规范的映射关系。

表 2-2　OGSI 各项功能与 WSRF 规范的映射关系

OGSI	WSRF
grid service reference	WS-addressing endpoint reference
grid service handle	WS-addressing endpoint reference
handle resolver port type	WS-renewable references
service data defination & access	WS-resource properties
grid service lifetime mgmt	WS-resource life cycle
notification port types	WS-notification
factory port type	treated as a pattern
service group port types	WS-service group
base fault type	WS-base faults

WSRF 使 Web 服务体系结构发生了以下两点演变:提供了传输中立机制来定位 Web 服务及提供获取已发布服务的信息机制集,具体的信息包括 WSDL 描述、XML 模式定义和使用这项服务的必要信息。

2.3.3　WSRF 的优点及发展

和 OGSA 的最初核心规范 OGSI 相比,WSRF 具有以下五个方面的优势。

(1)融入 Web 服务标准,同时更全面地扩展了现有的 XML 标准,在目前的开发环境下,使其实现更为简单。

(2)OGSI 中的术语和结构让 Web 服务的标准组织感到困惑,因为 OGSI 错误地认为 Web 服务一定需要很多支撑来构建。WSRF 通过对消息处理器和状态资源进行分离来消除上述隐患,明确了其目标是允许 Web 服务操作对状态资源进行管理和操纵。

(3)OGSI 中的 factory 接口提供了较少的可用功能,在 WSRF 中定义了更加通用的 WS-resource factory 模式。

(4)OGSI 中的通知接口不支持通常事件系统中要求的和现存的面向消息的中间件所支持的各种功能,WSRF 中的规范弥补了上述不足,从广义角度来理解通知机制,状态改变通知机制正是建立在常规的 Web 服务需求之上的。

(5)OGSI 规范的规模非常庞大,使读者不能充分理解其内容,以及明确具体任务中所需的组件。在 WSRF 中通过将功能进行分离,使之简化并拓展了组合的伸缩性。

作为 OGSA 最新核心规范的 WSRF,它的提出加速了网格和 Web 服务的融合,以及科研界和工业界的接轨。OGSA 和 WSRF 目前都处于不断的发展变化之中。2004 年 6 月,OGSA 1.0 版本发布,阐述了 OGSA 与 Web 服务标准的关系,同时给出了不同的 OGSA 应用实例。OGSA 2.0 版本于 2005 年 6 月发布，WSRF 1.2 也于 2006 年 4 月 3 日被批准为 OASIS 标准。

对于 WSRF 本身而言，由于其提出不久，其规范还有待在实践中得到进一步应用证明，并逐步得到完善。基于 OGSA 和 WSRF 的服务网格平台和规范协议，将最终成为下一代互联网的基础设施，所有的应用都将在网格的基础平台上得以实施。

2.4　Web Service 模型

2.4.1　Web Service 产生的背景

Web Service 从功能上来看属于分布式系统中的一个分支，而传统的分布式应用系统都是以远程过程调用(remote procedure call，RPC)的方式访问其他的计算机、实现通信的。常见的有 DCOM(distributed component object model) 和 CORBA(common object request broker architecture) 等。分布式系统的发展已经经历了很长的一段时间，其技术已经相当成熟，但是它仍然存在着许多缺点是其自身无法克服的。

首先，传统的 RPC 架构都是通过二进制来传递消息、进行方法调用的，由于数据表示格式的不同，调用必须和一定的编程环境结合在一起。此外不同厂商的产品使用不同的传输协议，彼此之间不能直接实现相互的通信。同时这些非标准的传输协议无法穿越防火墙也是 RPC 架构中的一个很严重的问题。

其次，目前各厂商开发的应用程序都有自己的架构和一套协议标准，开发者除了实现自身的应用、维护之外，还需进行大量的协议、数据，以及标准的转换工作来实现同其他厂商间的相互通信，随着服务数量的递增，用于实现厂商间相互通信的工作量成倍增长。某一厂商开发的应用无法高效地被其他开发者继承，这十分不利于应用的规模扩展和全球一体化。

最后，RPC 架构不允许程序异步执行，用户在呼叫服务器上的程序之后，必须等待它执行完成之后才可以进行其他工作，这使得系统资源无法得到充分的利用，大大降低了工作的效率。

为了解决上述问题，Web Service 应运而生。它所具有的许多特点可以很好地克服现有分布式系统的缺点。它很好地解决了不同平台之间的数据传递问题，其开发、系统集成和维护都易于实现。从以下几节的内容可以具体看到到底什么是 Web Service。

2.4.2　Web Service 的架构

Web Service 的架构十分简单，可以用图 2-3 来表示。

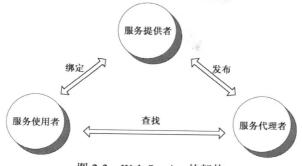

图 2-3   Web Service 的架构

服务提供者是个人或企业开发商，他们在服务代理者那里将已经实现的 Web Service 进行发布，注册服务的功能并提供接口。服务一经发布，就可以为全球的用户提供服务。服务请求者通常会到服务代理者那里通过搜索等方法来寻找满足自己要求的服务，然后根据服务代理者提供的信息找到该服务的具体存放位置，这样服务代理者就实现了服务请求者和服务提供者之间的绑定。服务使用者继而向该服务发送请求、传递参数并得到服务的最终结果。

在这里需要注意的是服务的描述和服务的实现是分离的，这里的分离指的是物理意义上的分离，即服务的描述和服务的实现在大多数情况下是分别放在不同的服务器上的。这一点可以通过图 2-4 的 Web Service 工作流程图来帮助理解。

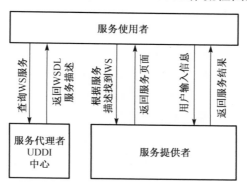

图 2-4   Web Service 工作流程

2.4.3   Web Service 关键技术

从上面对 Web Service 架构的分析中可以看出，一个 Web Service 能够为用户提供服务，需要解决好三个方面的问题。

（1）用户怎样根据自己的特定需求到 Internet 上查找 Web Service？又如何知道是否已经有企业或者个人提供了该项服务？

(2)用户怎样了解一个Web Service能提供那些服务？怎样使用该Web Service？又如何得知该服务提供哪些方法？用户需要传送哪些参数？

(3)当用户寻找到了所需的 Web Service 后，如何向 Web Service 发送信息，实现客户和服务之间的通信？

Web Service 的三项关键技术就是针对这三个方面的问题提出的，它们是 UDDI[11]、WSDL[12]和 SOAP[13]，下面分别进行具体的介绍。

1. 统一描述、发现和集成协议(UDDI)

目前 Web Service 的发展已初具规模，在 Internet 上成千上万的 Web Service 中寻找自己所需的服务对用户来说是一项艰难的工作。为了方便用户查询 Web Service，UDDI 规范应运而生。它好比是电话簿或者 Internet 上的搜索引擎一样，为用户提供多种 Web Service 分类资讯以便于用户快捷方便地找到所需的 Web Service。

在 Web Service 的构架一节中已经初步涉及了 UDDI 的知识，架构中的服务提供者的角色就是由 UDDI 技术的核心组件 UDDI 商业注册中心来承担的。UDDI 商业注册中心符合 UDDI 规范，它的目的是在 WWW 上提供一个服务发现平台。服务发现能够对不同厂家开发的不同技术接口的相关技术信息进行发布和定位。用户可以发现并确定某个服务的用途和使用方法、同时使用特定类型的 Web 服务完成一次连接并从中获益。

符合 UDDI 规范的 UDDI 注册中心为描述由商业实体或企业发布的服务提供了一个信息框架。使用这一信息框架并由 UDDI 商业注册中心管理的服务描述数据是服务本身具有的商业和技术信息。为了推广跨平台的适用于"黑箱"Web 环境的服务描述，服务的描述是用跨平台的 XML 实现的("黑箱"这个术语意味着为了支持任意类型的服务，UDDI 商业注册中心中的描述信息的格式采用中立的格式，而无需考虑特定服务的平台需求或技术需求是什么。UDDI 提供描述任意服务的信息框架，同时允许存储尽可能多的服务及其实现的技术细节)。

UDDI 商业注册中心存储了所有商用的 Web Service 的注册信息。服务使用者通过使用 Discovery 的发现服务，就可以找到符合要求的 Web Service 的注册信息，通过相关信息找到具体的 Web Service。UDDI 商业注册中心在逻辑上是集中的，但是在物理上却是分布式的，这一点已经在上一节中分析过。

2. Web 服务描述语言(WSDL)

Web 服务描述语言是用 XML 语言撰写的，用来描述 Web Service 的描述文件，它是由 IBM 和 Microsoft 共同研究开发的，使用共同的标准来对一个 Web Service 进行全方位的描述。它的主要用途就是让用户知道如何使用一个 Web Service。

　　网络的发展越来越需要通信协议和消息格式实现标准化，也就是以某种特定的格式来描述它们。WSDL 就是用来描述 Web Service 及其函数、参数以及返回值的。换言之 Web Service 就是用 WSDL 定义的一套网络服务。一个 WSDL 文档实际上是一个定义的集合，它的根元素是 definitions，其内部是精确的定义，它将服务定义为一个网络端点的集合。WSDL 文档在定义 Web Service 时使用下面的 7 种元素。

　　(1) Type：使用某种类型系统(如 XSD)定义数据类型。

　　(2) Message：通信数据抽象的、有类型的定义。

　　(3) Operation：服务支持的动作的抽象描述。

　　(4) Port Type：一个操作的抽象集合，该操作由一个或多个端点支持。

　　(5) Binding：针对一个特定端口类型的具体的协议规范和数据格式规范。

　　(6) Port：一个单一的端点，定义成一个绑定和一个网络地址的连接。

　　(7) Service：相关的端点的集合。

　　WSDL 是基于 XML 的，因此它是人可读的，同时也是机器可读的。这一点是相当重要的，因为随着 Web Service 的飞速发展，依靠人工去处理服务是根本不可行的。目前新出现的一些开发工具如 Microsoft 的 SOAP Toolkit 就可以根据 Web Service 自动生成 WSDL，还可以在导入一个 WSDL 文件之后自动生成调用该 Web Service 的代码。

　　3. 简单对象访问协议(SOAP)

　　简单对象访问协议(simple object access protocol，SOAP)是架构在 HTTP 协议(也可是 SMTP 或者 FTP 协议)之上的协议标准，用来传送以 XML 格式描述的消息。它是通过 HTTP 来传送信息的，也正因为如此，SOAP 搭载的纯文本的信息才能够无障碍地穿透防火墙。

　　这里可以简单地将 SOAP 看作是 HTTP 和 XML 两项技术结合的产物。HTTP 是一个简单、配置广泛的协议，所有的机器都对它开放 80 端口，因此在穿越防火墙的问题上 HTTP 协议比其他协议更容易发挥作用。XML 是 Web Service 中用于通信的数据表示的基本格式，通过大量的标识来表示信息的各种含义。XML 可以有效地表达网络中的各种知识，为网络上信息的交换和计算提供载体。XML 易于创建和解析，而其最突出的优点是平台无关性。SOAP 是 XML 和 HTTP 的完美结合：SOAP 消息用 XML 语言表示，通过 HTTP 来传送信息。这样 SOAP 提供了标准的 RPC 方法来调用 Web Service。SOAP 协议中包含很多内容，它定义 SOAP 消息的格式，如何通过 HTTP 来使用 SOAP 等。

　　此外，Web Service 的服务模式单一，它所能提供的服务是十分有限的，并且提供服务的方式也是固定的，仅能按已经定制好的方式来提供服务，而无法满足用户的特殊需求。例如，王某在旅游时需要将未满周岁的孩子带在身边，他在预订旅馆房间时需要带有婴儿床的房间。在一般的 Web Service 中，用户类似于这样的要求根本无法满足。在社会飞速发展的今天，人们的需求越来越多，所要求提供的服务方式也是各种各样，这些需求往往是目前静态的、固定模式的 Web Service 所不能满足的。

4. 广泛性

Web Service 从出现到发展至今已经经历了很长一段时间，它是否已经被广大用户接受和认可？这也是评价标准中不容忽视的一个方面。

目前，Web Service 已经被运用在许多行业之中，并且正在向更为广阔的领域发展，这得益于它的开发简单的特点。Web Service 主要是基于 HTTP 和 XML 技术进行通信的，而目前这两项技术已得到广泛的支持，所有支持这两项技术的设备都可以使用 Web Service，各大厂商也对 Web Service 的开发给予大力的支持，使用 Microsoft 的 Visual Studio.Net 或者 IBM 的 Web Sphere 等工具可以高效、快捷地开发 Web Service。正是由于 Web Service 的这些优势使其自身得到了广泛的应用和发展。

但是 Web Service 在发展的同时也不可避免的存在一些问题。一方面，目前用户要查找所需的 Web Service 是通过到 UDDI 中心查找来实现的。Web Service 的服务提供者将服务的相关信息存储在 UDDI 商业注册中心，通过使用 UDDI 的发现服务，提供给个人和其他的企业使用。目前 UDDI 中心提供一些查找的途径，如按照提供服务的公司名称来查找服务等。但是随着全球 Web Service 数量的飞速增长，它的查找和发现将越来越困难，成为 Web Service 技术中一个新的难点，用户更加期盼的是出现类似于网络搜索引擎的工具，帮助他们方便、快捷地找到所需的服务。

目前 IBM 公司已经提出一种新的用于 Web Service 发现的协议 ADS（advertisement and discovery of services），即服务的广告、发现。该解决方案的主要特点是一改过去的用户主动查找 Web Service 的方式，而是由服务提供者对他们的服务进行宣传。服务提供者可以将服务的描述信息放在用户常去的地方，便于用户方便地发现该服务。该协议是对 UDDI 标准的一个有益的补充，将注册和广告两种方式有机地结合起来，可以大大提高查找 Web Service 的效率。

另一方面，Web Service 的计量和收费系统也有待于进一步完善。网络上免费的 Web Service 大都较为简单，而真正用于商业用途的 Web Service 都是收费的。这就需要一个标准的模型来有效衡量服务的价值。在模型中，类似于天气预报、股票报价、邮政编码查询等简单的服务仍采用免费的方式，而其他价值较高的服务是按照 IP 包流量计费、按使用次数计费或一次性付费，或是记录特定用户的存储量。如果采用一次性付费的方法，服务提供商怎样才能避免多个用户共享账号和密码来使用同一个已经付费的 Web Service 呢？这些都是 Web Service 面临的困难和挑战。Web Service 要得到广泛的使用就必须解决好计量收费的问题。

2.4.4 Web Service 的优点

通过对现有 Web Service 进行性能评价可以很清楚地看到它所存在的诸多问题，但是从 Web Service 的设计初衷来看，它本身还是具有许多优点的。它是封装成单个实体并发布到网络上供其他程序使用的功能集合，是用于创建开放分布式系统的构件，可以使开发者迅速廉价地向全世界提供各式服务。它具有很强的互操作性，是与平台和编程语言无关的，具有广阔的发展前景。此外 Web Service 还具有一个突出的优点就是易于穿越防火墙：现有的分散式应用系统大都是以 RPC（远程过程调用）的方式存取在另一台计算机上的服务，如 DCOM、CORBA 等。该技术的一大缺点就是必须在特定的环境下与一定的软件配合使用。而各个公司的产品使用各自的协定，不能实现相互通信。与此同时，这些协定通常都会被防火墙监测到并禁止通过。而 Web Service 所使用的 SOAP 协议是架构在 HTTP 协议之上的，任何使用浏览器的机器都离不开 HTTP 协议，目前大多数的防火墙仅仅允许 HTTP 协议穿过，因此由 SOAP 搭载的信息就可以顺利地穿透防火墙，实现不同区域之间的通信。

参 考 文 献

[1] URI Planning Interest Group. W3C/IETF, URIs, URLs, and URNs: Clarifications and Recommendations 1.0., 2001.

[2] Palmer S B. The Early History of HTML. http://infornesh.net/html/history/early. 2009.

[3] World Wide Web Consortium. Namespaces in XML（PDF）. W3C. 1999.

[4] Booth D, Haas H, McCabe F, et al. Web Services Architecture//W3C, Working Group Note, 2004.

[5] von Reich J. Open grid services architecture: second tier use cases. Global Grid Forum OGSA-WG, Draft, 2004.

[6] Kishimoto H, Treadwell J. Defining the Grid: A Roadmap for OGSA™ Standards v 1.0. Open Grid Forum, Lemont, Illinois, U.S.A., GFD-I.053. http://www.ogf.org/gf/docs/?final. 2006.

[7] Grimshaw A. WS-Naming Specification Draft. http://forge.gridforum.org/projects/ogsa- naming-wg/. 2006.

[8] Chapin S J, Katramatos D, Karpovich J F, et al. Resource management in legion. Journal of Future Generation Computing Systems, 1999,（15）: 583-594.

[9] Gudgin M, Hadley M, Rogers T. Web services addressing 1.0 – core（WS-addressing）. W3C Recommendation, 2006.

[10] Web Services Resource Framework. 2006. http://www.oasis-open.org/committees/tc_home. php?wg_ abbrev=wsrf.

[11] UDDI Open Draft Specification. UDDI Version 2.0 Data Structure Reference (Chinese), 2001.

[12] W3C Note. Web Services Description Language（WSDL）1.1, 2001.

[13] SOAP. http://www.w3.org/TR/2001/WD-soap12-20010709/. 2001.

第 3 章

网格资源管理模型

网格的资源描述模型是把分布、异构、多形态的网络计算资源、存储资源、数据资源进行抽象统一、有效组织管理，便于透明、友好地访问和使用。在网格计算中，资源的表示、描述、组织、部署、注册、定位、访问、使用、维护和最终撤销凋亡，以及内部管理是核心的研究问题。这些资源的全生命周期涉及的问题统称为网格资源空间问题。它们直接影响到网格协议、网格软件，甚至网格硬件的设计和实现工作。与传统的计算平台(从单机到并行机)相比，网格的这些研究问题特别具有挑战性，因为网格的资源比传统计算平台呈现出更明显的数量大、种类多、异构分布和动态特征，而且网格环境的重要需求，就是要在各资源提供者自主控制的条件下，提供单一系统映像和资源的共享与协同。

3.1 网格资源表示的需求

首先从网格的需求出发，分析一下传统计算机体系结构的地址空间技术。可以观察到下面八点特征。

(1)多个层次的地址空间共存。例如，物理地址空间、虚拟地址空间、操作系统地址空间、高级语言程序的地址空间，甚至 Web 的 URL 也可以看成一个地址空间。

(2)每个地址空间层次都有清楚的定义。每层地址空间有清楚的原理和机制，独立于具体的实现。例如，虚拟地址空间有段、页、虚实转换、地址分配等概念和原理。两个具体的 CPU 芯片或操作系统，尽管遵循同样虚拟地址空间原理，却可能有完全不同、不兼容的实现。

(3)每个层次可以有一个或多个地址空间。例如，在物理地址空间层次，Intel 80x86 芯片支持内存地址空间和 I/O 地址空间。

(4)每个地址空间层次都有下面层次不具备的特点、性质和好处。

(5)地址空间之间有清楚的地址转换机制。

(6)层次越高的地址空间，越容易被用户理解。

（7）地址空间的管理由不同子系统完成。例如，物理地址一般由硬件管理，虚拟地址由硬件和操作系统配合管理。

（8）资源的最终使用是在物理地址空间完成。

3.2　网格资源表示的关键问题

如果集中考虑一个地址空间层次，有几个问题是必须回答的，它们涉及资源以及资源空间的全生命周期。让我们以物理地址空间为例，简要论述资源的全生命周期所面临的问题，包括组织、部署、发现、使用、更新、凋亡，以及底层管理。

3.2.1　地址空间的组织（包括表示与描述）

这又包括两个方面的问题：单个资源的组织以及整个地址空间的组织。粗看起来，这个问题很简单。大部分 CPU 都支持这样一种物理地址空间组织：每个地址存放一个字节，整个空间是一个从地址 0 到地址 $2w-1$（w 为 CPU 物理字长）的连续线性地址空间。实际情况远非如此。任何 CPU 一般都支持几种基本的资源类型（数据类型），如指令、字符、定点数、浮点数、硬件部件等。这些资源都要考虑一些特殊组织要求，如是大尾（big endian）还是小尾（little endian）、ASCII 码还是 Unicode 码等。物理地址空间也不是连续线性、可以随意使用的。例如，CPU 通常预留了一些地址存放初启指令和中断向量。

3.2.2　部署与注册

当一个资源被部署到地址空间时，必须遵循约定的部署规则，而且一定要注册，使得系统能正确地找到该资源。资源必须在注册之后才能使用。例如，在一个 4GB 的物理地址空间中部署 2GB 的内存硬件资源，我们必须让系统明这 2GB 内存占据了地址空间的哪些地址，而且当访问空地址时，系统应该返回 Bus Error 之类的例外。

3.2.3　定位与发现

资源的定位（locating）与发现（discovery）在文献中常常指同样的操作，可以分为两大类。一类通过资源的名字、地址、ID 等形式找到该资源（如访问第 100 号地址），另一类则通过对所需资源的描述找到该资源（有点像访问一个关联存储器）。

3.2.4　资源的使用

如何使用资源必须有清楚的定义和规则。例如，资源不支持某些操作（如写一个 ROM 单元、通过 32 位数据总线读一个 64 位数、访问一个正在被外部设备 DMA 占用的 RAM 等情况都可能发生），系统对每一种可能情况都必须定义清楚的语义，覆盖所有正常和异常的使用情况。

3.2.5 资源的更新和凋亡

资源的修改、升级，乃至最终撤销必须有一定规矩。

3.2.6 底层管理

系统常常要做一些不可见的、自动的内部管理操作，维护资源空间。

3.3 网格资源描述模型

网格资源描述模型通过统一的网格地址空间来实现，其逻辑示意图如 3-1 所示[1]。网格地址空间是由物理地址空间、虚拟地址空间和有效地址空间这三个层次的结构约定以及相关的映射构成的。共有两对映射，一个是虚拟地址和物理地址之间的映射，另一个是有效地址和虚拟地址之间的映射。资源的物理地址代表实际的网格资源地址；资源的虚拟地址代表虚拟化的逻辑地址，以全局唯一标识区分；资源的有效地址代表以某种方式集中在一起的虚拟化资源的集合。具体来说，网格平台运行在实际服务(物理资源)之上，属于虚拟层，在虚拟层实现全网格的全局一致和单系统映象；而网格应用运行在局部集中的有效层之上。通过物理层之上的两层抽象，编程复杂度不断降低，而功能逐层增强和放大(虚拟层支持全局一致，有效层支持访问控制、策略、上下文、服务组合等)。同时，基于有效资源地址的网格应用能够做到地址无关，从而可以容易地实现网格应用的移动。

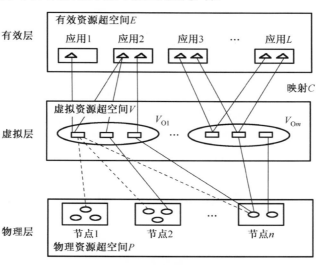

图 3-1 网格资源描述模型

3.3.1　物理地址空间

(1) 物理地址空间：由所有符合规范的 URL 集合构成。这种规范有可能是前缀限定等。

(2) 物理地址单元：能够将物理服务映像转变成物理资源的实体。在其上主要实现三种操作，分别是读出物理资源映像 (read)、部署物理资源映像 (write)、执行物理资源映像 (execute)。

(3) 物理地址：物理地址单元的网络标识，用国际标准的 URL 表示。

(4) 服务映像：按指定格式和规范的文件集合，这些文件包括 WSDL 接口、服务代码实现、服务调用实例、服务描述文档。

(5) 物理资源 (物理服务)：将物理资源映像写入 (write) 到某个物理地址单元后，该物理地址和物理地址单元中的物理服务映像称为物理服务。

3.3.2　虚拟地址空间

(1) 虚拟地址空间是由系统生成和维护的，应该做到对用户透明。

(2) 虚拟资源：物理资源注册到路由器后，该物理资源即成为虚拟资源，并以虚拟资源名来标识该虚拟资源。在物理资源注册时由系统生成全局唯一的标识，并作为该物理资源的系统级标识，记录在资源提供者处。

(3) 虚拟地址：虚拟地址的形式采用 vres://Router_name:Resource_name 表示的二级地址结构。其中，Resource_name 域以系统级标识来表示。Router_name:Resource_name 分别由资源路由器和名字空间服务器解析。

(4) 虚拟地址空间：所有虚拟地址的集合。

3.3.3　有效地址空间

一个或多个虚拟资源可以在社区管理功能模块的协助下人为地构成一个集合，该集合称为有效资源，也称为资源组合。有效资源可以附属策略、上下文和访问控制信息。

如果每个有效资源拥有全局唯一的标识，那么这个标识称为有效地址。有效地址的表示形式为：社区名＋社区内的有效地址字符名称。

所有有效地址的集合构成有效地址空间，即包括所有社区中的有效地址。

3.3.4　地址转换

虚拟地址到物理地址的映射，反映了从虚拟资源转换为物理资源的过程。虚拟地址和物理地址之间是一对一的映射关系。从虚拟地址到物理地址的映射只需解决资源定位的问题，在这个层次上还不考虑策略、上下文和访问控制问题。虚拟地址到物理地址转换由网格路由器和名字空间服务器完成，不同的名字空间服务器以系统生成的全局唯一标识区分，其逻辑示意如图 3-2 所示。

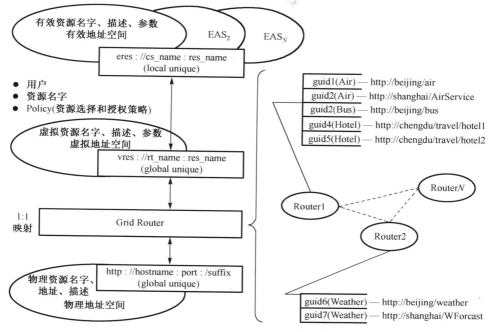

图 3-2　基于 EVP 模型的地址映射机制

　　有效地址到虚拟地址的映射，反映了从有效资源转换为虚拟资源的过程。有效地址和虚拟地址之间是多对一的映射关系。从有效地址到虚拟地址的转换体现了"VEGA"中"辅助智能"的指导思想。其逻辑结构如图 3-2 所示。

　　反向映射：从物理地址到虚拟地址的映射是物理资源向名字空间服务器注册的过程；从虚拟地址到有效地址的映射是虚拟地址向某个特定社区注册的过程。

参 考 文 献

[1]　李伟，徐志伟. 一种网格资源空间模型及其应用. 计算机研究与发展，2003，40(12)：1756-1762.

第 4 章

资源发现与访问

4.1 网格资源发现需求

当今的网络规模膨胀、信息资源爆炸,资源的搜索方法已经成为 Internet 的关键基础技术之一,而现有基于资源路由器[1]的资源发现技术有以下缺点:

(1)服务器更新不及时,产生大量过时信息;

(2)产生许多无价值的垃圾信息;

(3)服务器收集的信息量有限;

(4)存在单点失效等缺点。

如何在基于网格计算的信息资源海洋中快速发现有用的资源,探索更有效的资源发现机制与技术已经是信息工业,乃至整个计算机产业最重要的研究领域之一。而网格环境下的资源将比今天的网络环境更为丰富,更加多样,如果能够探索研究出更加先进高效的资源发现机制和技术,必将产生巨大的社会贡献和经济效益。

4.1.1 网格资源发现机制的主要任务

在传统的单计算机系统和机群系统中,计算资源的分布比较集中,计算在使用资源之前可以快速、可靠地进行资源定位,资源的查找操作对计算性能的影响很小。在网格计算中,由于资源的广域分布以及现有 Internet 存在的带宽和延迟限制,以及网络的不可靠性,广域范围内的资源定位将在很大程度上影响计算的性能。因此,我们需要一种有效的资源发现机制解决广域资源的快速定位问题。资源发现机制的任务是在短时间内高效率地找到资源所在的节点。

4.1.2 现有的网格资源的查找方式

在已有的网格系统中,资源查找主要有两种方式,即 Flooding 查找方法和集中查找方法。

Flooding 查找方法主要应用于对等网络,这是一个完全分散化的网络系统,各个网格节点在网格中地位对等，没有固定的系统拓扑结构，具体系统结构都是在发展中动态自发形成的。Flooding 采用广播的方式，向邻居的计算机节点发出带有查询关键字的 Query 指令，查询在网络中迅速逐跳扩散，它有两个控制查询范围或查询半径的参数，TTL (time to life) 和 Hops，查询每前进一步，TTL 就减 1，Hops 就加 1，因此给予 TTL 不同的初值，就可以获得不同的查询半径。随着跳数 (Hops) 的增加，查询访问到的主机数量急剧增大。Flooding 查找方法能够有效解决服务器模式的缺点，它的基本搜索思想是利用全部网络资源为每一个成员服务，每一个节点都储存了周边相邻节点的资源信息，用最短的时间开销把查询消息扩散到最多的网络成员处，保证查找范围的最大广度和深度。但是，这不可避免地带来大量的无效消息、浪费宝贵的网络带宽及机器计算资源等矛盾和问题。

相对来讲，集中查找方法可以有效地避免 Flooding 技术带来的难题，它的基本思想是把整个网格的资源信息都集中储存在一个资源数据库上，当用户节点需要资源时，通过资源数据库查找整个网络中的资源信息，然后定位资源在网格中的位置。集中查找的好处是可以避免大量无效的查找消息，节省网络带宽，降低查找开销，提高查找效率，有利于资源的总体调度。但是缺点也是显而易见的，那就是所有的资源查找都必须通过一个集中的资源数据库，当网格中的节点成千上万时，查找的效率会下降，甚至资源数据库可能成为整个网格的瓶颈。再者，网格资源的动态性决定了资源数据库的维护有一定的难度，需要周期性的发送消息与各资源节点联系来更新资源数据库上的资源信息。

4.1.3　资源发现机制的基本思想和关键技术

现在比较流行的资源管理结构模型是将以上两种查找方式结合起来，即在网格的局部网络中使用集中查找方式，在整个网格中资源路由器之间的查找则使用 Flooding 查找方式 (如中国科学院的织女星网格[1])。在局部网络中设置资源路由器，采用 C/S 模式，用户节点请求资源时先访问资源路由器上的资源数据库，若局部网络中存在所需资源，则资源路由器返回该资源的节点地址。当所需资源不存在该局部网络时，需要通过资源路由器访问网格中的其他资源路由器来查询资源，此时资源路由器之间属于一种对等网络，可以采用 P2P 网络的 Flooding 技术来进行资源搜索。

网格中相邻的部分节点组成一个局部网络，每一个局部网络设有一个资源路由器，这里的局部网络可以理解为一个公司、机构或单位所拥有计算机节点所组成的一个逻辑网络。网络上的数据是海量的，考虑到资源路由器的性能因素，必须把局部网络的节点数量控制在一定的范围之内，当节点数量超过资源路由器所能负荷的极限值，应该把该局部网络分割成两个网络，并增设资源路由器。资源路由器上有两个数据库，一个负责存放该局部网络上所有计算机节点提供的可被访问的资源信息，另一个负责存放网格中与其邻居资源路由器的网络地址。资源路由器提供的基本服务有以下四方面。

(1)组织所在局部网络上的所有计算机节点的资源信息数据库,对局部网络上的资源进行管理和调度。网格中的计算机节点查找资源时，首先查询所在局部网络上资源路由器的资源信息数据库，如果局部网络存在所需资源，则由资源路由器将该资源分配给所需节点。

(2)维护所在局部网络上的所有计算机节点的资源信息数据库。一方面，基于网格资源的自治性与动态性，局部网络上的资源节点通过注册、修改、撤销操作来更改其在资源路由器上的资源信息。另一方面，资源路由器也周期性的向该局部网络上的各个节点发送查询消息，及时更新资源数据库，以尽可能的降低资源节点的单点失效率。

(3)根据路由地址数据库，用 Flooding 方法向整个网格中的所有资源路由器发送资源查询消息。当所需的资源无法在本局部网络中找到或者性能达不到要求时，请求资源的计算机节点通过资源路由器向网格中的其他资源路由器发送查询消息，在整个网格范围内查询所需资源。

(4)维护路由地址数据库。与网络路由器的原理相似，资源路由器也具有学习的功能，而且路由器之间周期性的用消息进行通信，保证路由地址数据库的同步更新。

综合两种查找方式，在局部网络内部采用 C/S 模式下的集中查找，在资源路由器之间采用 P2P 网络模式下的 Flooding 查找，可以充分发挥两者的优点，互补两者的不足。不但节省网络带宽，降低资源查找开销，避免了大量无效的查询消息，而且提高资源查找效率，有利于资源的管理与调度。

4.1.4　面临的主要问题

随着网格计算的迅速发展，未来网格的规模可能非常庞大，节点数目可能达到几万甚至几亿，此时，一些小问题也将会被放大[2]，摆在我们面前需要进一步去探索、去解决。网格资源发现机制面临的问题主要有以下三点。

(1)网格中的计算机节点每次请求资源，都必须先访问资源路由器，然后资源路由器再在资源信息数据库中查询所需资源的相关信息。需要优化查询算法减少资源请求节点对资源路由器的访问次数和对资源信息数据库的查询次数。

(2)Flooding 搜索方式的搜索效率极其低下，在搜索的过程中会产生大量的多余的查询消息。当网格中的节点和资源路由器的数目非常庞大时，这些无用消息的数量也将会变得十分庞大，严重浪费网络带宽。需要优化 Flooding 算法，提高资源搜索的精确度，缩小搜索的范围。

(3)网格中有大量的资源，有好有坏，有多有少，需要运用各种评估策略对资源进行性能分析和风险分析。

4.2　网格资源发现技术

4.2.1　UDDI

　　UDDI 是一套基于 Web 的、分布式的、为 Web 服务提供的信息注册中心的实现标准规范,同时也包含一组使企业能将自身提供的 Web 服务注册以使得别的企业能够发现的访问协议的实现标准。UDDI 标准定义了 Web 服务的发布与发现的方法。UDDI 提供了一种基于分布式的商业注册中心的方法,该商业注册中心维护了一个企业和企业提供的 Web 服务的全球目录,且其中的信息描述格式是基于通用的 XML 格式的。

　　UDDI 基于现成的标准,如 XML 和 SOAP。UDDI 的所有兼容实现都支持 UDDI 规范。公共规范是机构成员在开放的、兼容并蓄的过程中开发出来的。目的在于先生成并实现这个规范的三个连续版本,之后再把将来开发得到的成果的所有权移交给一个独立的标准组织。UDDI 版本 1 规范于 2000 年 9 月发布,版本 2 于 2001 年 6 月发布,目前最新的是版本 3。版本 1 打下了注册中心的基础,版本 2 添加了企业关系等功能,版本 3 则是要解决 Web 服务开发中的许多重要问题,如提高安全性、改善国际化、改进注册中心之间的互操作性,以及为进一步改善工具而对 API 进行的各种改进。

4.2.2　Globus Toolkit

　　Globus Toolkit[3]是用来开发网格系统和应用的开源服务和软件库。它包括安全、信息架构、资源管理、数据管理、通信和错误检测。MDS(monitoring and discovery service)实现了资源发现功能,它提供了发布和访问网格资源信息的框架。

　　在 GT2(Globus Toolkit2)中,MDS-2 通过使用 LDAP 作为信息的统一接口,以提供系统组件状态的信息。MDS-2 包括了可配置的信息提供服务(grid resource information service,GRIS)和可配置的目录信息服务(grid index information service,GIIS)。GRIS 能够提供查询某个特定网格节点中资源的功能。GRIS 既能提供如主机标识(ID)的静态信息又能提供如 CPU 和可用内存的动态信息。一个 GIIS 包含了被一个特定虚拟组织(virtual organization,VO)所管理的所有 GRIS 的信息,提供了单一的系统映像。一个 GIIS 可以是几个 GIIS 的集合,因而 GIIS 可以是一个层次结构。顶层的 GIIS 可以回答所有关于位于其下的虚拟组织中资源的查询。Globus MDS-2 的结构如图 4-1 所示。

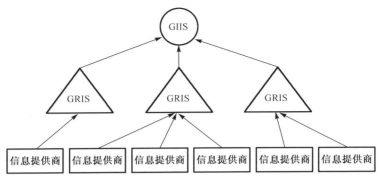

图 4-1　　MDS-2 的结构

　　GT3 实现了 MDS-3。与 MDS-2 相同的是，MDS-3 也是基于层次结构的。不同的是，MDS-3 采用 OGSA 模型[4]。OGSA 框架中每个资源表示一个网格服务，因此资源发现问题主要是定位和查询网格服务信息。MDS-3 中，资源的信息由索引服务提供。一个索引服务是一个网格服务，它存放所有注册到其上的网格服务的信息。服务数据由服务数据元(service data element，SDE)组成，SDE 描述了单个资源的属性。索引服务的主要功能是提供接口，以查询已注册服务的服务数据的集合视图。索引服务由两个部分组成：提供者和集合器。提供者负责生成 SDE，集合器负责集合和索引同一个虚拟组织中主机的 SDE。

　　GT4 实现的 MDS-4 符合 WSRF 规范[5]。MDS-4 中的触发(trigger)服务实现了当满足特定规则集合的事件产生时的通知机制。

　　MDS 服务的缺点是：MDS 实现的是基于 LDAP 的树状元数据目录服务，只能管理相对静态对象的描述信息，不能处理对象的频繁更新；MDS 不能处理复杂的查询，层次化的查询语言缺乏对数据进行复杂处理的能力，LDAP 的树状结构决定了做多属性查询和区段查询时效率低；LDAP 风格的查询语言需要用户指定查询的起始节点和查询范围，树结构对用户不透明，结构改变会对用户造成影响；LDAP 风格的查询语言是一种过程化的查询语言，指定了查询的执行顺序，而 SQL 中用户只需指定要获得什么，而无需指定如何获得；MDS 不提供负载平衡机制。

4.2.3　Condor

　　Condor(从 2012 年起更名为 HTCondor)[6]是应用于计算密集作业的资源管理系统。Condor 接收用户提交的作业并且在网络中找到合适的、可用的资源以执行作业。Condor 采用的是集中式的调度模型，任务通过中央调度(central manager，CM)执行。CM 收集资源的状态信息并且接收用户的请求，将资源描述和资源属主及作业指定的使用策略进行匹配，从而决定如何调度作业。资源和作业都用 ClassAd 规范语言进行描述。ClassAd 的思想与报纸的分类广告一致，能接收任务的空闲资源和寻找可用资源的用户都发布了它们的信息。CM 的作用就是选择和排序提供给用户的资源，并且在资源和用户之间建立联系。

Condor 的资源通过资源属主代理（resource-owner agent，RA）表示。每个 RA 周期性地检查资源的状态并且为每一个资源创建 ClassAd。每个资源的 ClassAd 包含资源状态和资源属主的使用策略。ClassAd 被发送到 CM。这样 Condor 的调度程序能够发现新的资源并能更新旧资源的状态。Condor 的结构如图 4-2 所示。

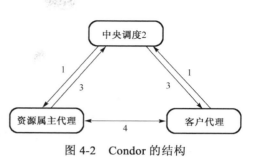

图 4-2　Condor 的结构

4.2.4　UNICORE

UNICORE[7]提供了垂直集成的软件组件集合以支持作业的定义和向分布的计算资源安全地提交作业。UNICORE 包括客户端、网关、NJS 和目标系统界面（target system interface，TSI）。

客户端使得用户可以从 Internet 的任何一台机器上创建、提交和控制作业。客户端与网关相连。提交到本机上的任务将由本机上的批处理系统执行。提交到远程主机的任务被转发到网关。数据传输和同步操作都由服务器执行，服务器还保存状态信息和作业的输出信息。UNICORE 中作业的定义和资源需求都通过 AJO 表示。客户端通过与其相连的网关提交 AJO 到一个被选定的 UNICORE 站点。网关将 AJO 传送到被选定的目标系统的 NJS 上，接着 NJS 将抽象作业翻译成与其相连的目标系统特定的批作业。NJS 通过使用目标系统资源的静态信息来确信被请求的资源是可用的并且是遵守使用策略的。

4.2.5　LCG/EGEE

LCG[8]是支持 e-Science 项目（EGEE）的大规模网格应用。LCG 的目标是为高能物理组织提供数据存储和分析的基础架构。

LCG/EGEE 框架的信息系统是基于 GT2 提供的 MDS-2。与 GT2 类似，LCG 采用的也是层次化结构。每个节点上的 GRIS 能够回答所有关于此节点上的计算和存储资源的查询。每个站点上的 GIIS 收集此站点所有的 GRIS 服务所提供的信息。LCG 中位于 GRIS/GIIS 之上的是 BDII（Berkeley database information index）。BDII 查询给定的虚拟组织中的 GIIS 服务并且用作保持网格状态信息的缓存（cache）。用户和其他的网格服务能够查询 BDII 以获得网格状态信息并且搜索需要的资源。每个 BDII 以固定频率收集 GIIS 中的信息。通过直接查询 GIIS 和运行在特定资源上的本地 GRIS 能获得及时更新的信息。

4.3　P2P 系统的资源发现

4.3.1　非结构化 P2P 系统

Napster 是历史上第一个获得大规模应用的 P2P 系统。它由一个中央服务器组成，此服务器上存放着所有共享文件的索引。为了定位一个文件，用户向中央服务器发出包含有文件名的查询请求，并接收到存放此文件的伙伴节点(peer)的 IP 地址。在请求的 peer 和存放有此文件的 peer 之间建立连接，以下载文件。Napster 的资源发现机制是集中式的。集中式的索引服务器不易扩展并且存在单点失效的缺点。

目前的非结构化 P2P 系统中，每个节点都维护着与其邻居的常量数目的连接，因而形成了覆盖(overlay)网络。Gnutella 和 KaZaA 是最流行的非结构化 P2P 系统，都是通过泛洪的方式进行查询。而泛洪引起了不必要的网络流量，因而扩展性差。为了限制泛洪产生的消息个数，每个消息中附加了 TTL 字段。TTL 表明了一个查询应该传播的跳数。

为了减少泛洪产生的消息个数，一些非结构化的 P2P 系统采用了可控的泛洪机制，即动态查询[9]。在 TTL 受限的泛洪机制中，不论是否获得需要的结果，查询请求一直传播到 TTL 值为 0。为了提高查询的准确性，动态查询开始时设置一个小的 TTL 值，并且控制查询的传播，将查询传播到其邻居的一个子集。如果未能得到足够的结果，源 peer 将增加 TTL 值并继续传播查询请求。这个过程一直进行到接收到令人满意的结果，或者所有的节点都已经被遍历为止。

还有很多别的技术用来减少泛洪引起的不必要的网络流量[10]。例如，随机漫步算法中，每个节点随机选择一个邻居节点进行转发。随机漫步算法产生非常少的网络流量，每跳只产生一条查询消息，但是减少了网络覆盖率，增加了响应时间。在文献[11]中提出了泛洪和随机漫步算法结合的混合算法。在另一类算法中，查询消息根据某种规则或者统计信息有选择地转发到邻居节点。例如，每个节点选择返回大多数查询响应的头 k 个邻居，或者 k 个容量最大的节点，或者 k 个延迟最小的链接，以转发查询请求。转发索引[12]在每个节点上建立了一个类似路由表的结构，它存放了从每个邻居返回的关于每个事先选择的主题的响应。此外，还有查询缓存和结合语义信息的一些技术[13, 14]。

实验显示，具有低带宽连接的 peer 容易被泛洪请求所饱和，因而减慢了非结构化 P2P 系统中的资源发现速度。为了充分利用系统中 peer 的异构性，低带宽的 peer 被隔离在查询路由之外。在文献[15]、[16]中，构建了两层的层次结构。高带宽的 peer，即 super peer，形成了非结构化的覆盖网；而低带宽的 peer，即叶子节点，仅与 super peer 相连。每个 super peer 存放有所有叶子节点文件的索引信息。任何来自叶子节点的请求都会通过与其相连的 super peer 进行转发，而泛洪仅在 super peer 形成的覆盖网中进行。这种结构使得系统在保持了非结构化系统简单性的同时，提高了可扩展性。

4.3.2　结构化 P2P 系统

结构化 P2P 系统的典型代表是 CAN[17]、Chord[18]、Pastry[19]、Tapestry[20]之类的点对点网络。它们的基本思想是将每一个节点的地址（IP 及端口）通过一个哈希函数映射为某个空间（b 位数字空间或者 d 维欧式空间，称为"地址空间"）中的一个点，称为该节点的 nodeId（节点标识）。在消息通信时，给定地址空间的一个点作为消息的目标地址，消息在节点之间不断转发，使得收到消息的节点的 nodeId 在地址空间中不断向目标地址逼近，最终到达一个当前所有节点中 nodeId 离目标地址最近的节点，即为消息的终点（称该消息的"目标节点"）。也就是说，结构化覆盖网保证这样的通信语义：消息最终被发送给当前所有节点中 nodeId 离目标地址最近的节点。也就是说，发送消息的节点并不知道消息最终被发送到哪个节点，只知道收到消息的节点具有一个性质，即其 nodeId 在地址空间中离目标地址最近。

分布式哈希表（DHT）是结构化 P2P 系统最重要的应用，也是最直接的应用。DHT 是 P2P 系统的一种数据放置策略。对于一份标识为 dataId 的数据（如用文件名标识的文件），将其 dataId 通过哈希函数映射到地址空间（这个地址空间即为支持这个 DHT 的结构化 P2P 系统的地址空间）中的某个位置 hashId，规定该数据必须放置在当前所有节点中 nodeId 离 hashId 最近的节点上。所谓"近"也依赖于底层结构化 P2P 系统对于距离的定义。易见，DHT 的实现必然需要有消息通信机制保证任意节点都可以与离某个 hashId 最近的节点进行通信，而这正是结构化 P2P 系统的通信语义。因此结构化 P2P 系统很好地支持了 DHT 的实现。

4.3.3　不同结构的 P2P 系统比较

P2P 系统中的扩展性是一个很重要的问题。非结构化的 P2P 系统由于泛洪产生了过多的网络流量，因而扩展性较差。为了减少网络流量，提出了如随机漫步算法这样的改进方法，但是这些方法牺牲了响应时间和网络覆盖率。还有其他的改进方法，如仅向有最多响应结果的邻居进行转发，或者与那些没有返回足够多结果的邻居节点断开连接。

与非结构化 P2P 系统相比，结构化使得扩展性得到改善，但是当节点经常变化时，结构难以维护。P2P 系统中，用户通常完全不可预知地加入、离开或者重新加入系统。此外，对于系统中的每个数据项，存放此数据项的 peer 必须周期性地被通知。这样，如果周期过短，网络流量增加；而如果周期过长，信息将不能及时更新。非结构化的 P2P 系统中，每个 peer 仅响应关于其上存放的数据的查询。结构化 P2P

系统中的顺序和数据局部性对于网格的资源发现有利，它使得区段查询能有效地执行，而在非结构化 P2P 系统中，执行区段查询时必须遍历每一个 peer。

表 4-1 从以下几个方面对非结构化和结构化 P2P 系统进行了比较。

(1)可扩展性(时间)：每个查询需要经过的跳数。

(2)可扩展性(网络流量)：每个查询产生的消息个数。

(3)健壮性：节点动态改变时系统的可恢复性。

(4)周期更新：数据需要周期性地重新发布的需要。

(5)区段查询：能有效支持区段查询的能力。

假定系统中共有 N 个 peer，非结构化 P2P 系统采用的是随机图覆盖网结构，因而直径是 $O(\log N)$。

表 4-1　非结构化与结构化 P2P 系统的比较

P2P 系统	可扩展性(时间)	可扩展性(网络流量)	健壮性	周期更新	区段查询
非结构化	$O(\log N)$	$O(N \times$ 节点的平均度数$)$	高	不需要	低效
结构化	$O(\log N)$	$O(\log N)$	较低	需要	高效

4.4　基于 P2P 的网格资源发现系统

随着网格系统规模的不断扩大，集中式和层次化的网格信息系统结构并不能保证可扩展性和容错性，而采用 P2P 模型是提高可扩展性的有效途径。以下介绍了目前用 P2P 技术解决网格资源发现问题的系统。

4.4.1　非结构化系统

Iamnitchi 等[21]提出了网格环境下资源发现的一种完全分布的 P2P 结构。在此结构中，虚拟组织中的每一个参与者发布其本地节点或者 peer 的信息。这些节点存储并提供对本地资源信息的访问。用户向本地节点发送请求，如果此节点上存放了相匹配的资源，则直接向用户发送响应；否则它将请求转发到其他节点上，此请求一直转发到 TTL 值为 0 或者匹配的资源找到为止。如果某个节点有匹配的资源，则它直接向发出查询请求的源节点发送响应，源节点再向用户发送响应。

此结构将资源发现问题划分成四个部分：成员协议、覆盖网的构建、预处理以及请求处理。成员协议指定了新节点如何加入网络以及每个节点如何知道其他节点的存在。覆盖网的构建是指从本地成员列表中选择活动的节点集合。预处理指的是在执行请求之前提高搜索性能的预处理。请求处理实现了请求传播的策略。传播策略决定了请求向哪一个节点进行转发。每个节点除了存放邻居节点的地址，还存放邻居节点以前响应的统计信息。在每个节点存放的邻居节点的信息和搜索性能之间的折中(trade-off)形成了四种请求转发策略：随机漫步、基于学习、最佳邻居、基于学习+最佳邻居。但是这四种请求转发策略查询准确率不高，不能保证只要资源存在就一定能找到此资源。

文献[22]提出一种基于路由转发的网格资源发现模型，每个资源路由器都是对等的实体。资源路由表信息定期更新，解析资源查询请求时，根据路由表进行转发。

Talia 等[23]提出了一种符合 OGSA 规范网格的资源发现的 P2P 体系结构。此结构由两层组成，底层由索引服务组成，负责发布每个虚拟组织中的信息。高层是 P2P 层，负责收集和分布信息。P2P 层包括两种符合 OGSA 的 Web 服务：Peer 服务用来进行资源发现，Contact(联系)服务将 Peer 服务组织成 P2P 结构。每个虚拟组织中有一个 Peer 服务。每个 Peer 服务与多个 Peer 服务，即它的邻居相连，并以 P2P 方式交换查询/响应消息。Peer 服务之间通过采用扩展的 Gnutella 协议来交换消息。

Mastroianni 等[24]采用了超级节点模型设计基于 P2P 的网格信息服务。超级节点模型最开始提出是为了在集中式搜索的高效和分布式搜索的自治、负载均衡和容错性之间达到平衡[25]。超级 peer 作为普通 peer 的中央服务器，超级 peer 之间构成 P2P 的覆盖网络。超级节点模型适用于大规模的网格环境。资源发现过程是：某个网格节点发出的查询消息被转发到超级 peer，如果超级 peer 在本地找到所请求的资源，则向请求节点发送响应；如果没找到则将请求转发到被选择的超级 peer 邻居上，并重复以上过程。

Puppin 等[26]提出了另一种基于超级节点模型的网格信息服务。网格节点被组织成集群，每个集群包含一个或多个超级 peer。系统定义了两种主要的组件：代理和聚合器。代理作为在每个节点上运行的符合 OGSA 规范的网格服务，发布由信息提供者提供的信息。信息提供者周期性地查询资源并将收集的信息存储为 SDE。当发布新资源时，它的服务数据名字被广播到集群中的所有聚合器。聚合器以超级 peer 的方式工作，作为每个集群的服务器。聚合器负责收集数据、回答查询、转发查询到别的聚合器并且存放每个邻居聚合器上的信息的索引。

Marzolla 等[27]提出了基于路由索引的网格资源发现系统。节点组织成树状结构，每个节点维护着它直接管理的资源信息和以邻居节点为根的子树的资源信息的压缩描述。定位算法利用这些索引对查询进行路由。资源的信息以下列方式进行映射：对于资源的每个属性，属性域被分为 k 个子区域，不同属性的 k 值不同。给定一个资源，属性 A 的索引用 k 位向量表示。某个 peer P 的所有资源的属性 A 的索引通过对所有属性的位向量进行逻辑"或"操作获得。当 peer P 接收到多属性区段查询时，P 将其分解为每个属性一个的子查询集合，每个子查询 Q 被映射为与属性的向量位数相同的向量。子查询首先在本地索引中进行匹配，接着在路由索引中进行匹配并最终路由到索引满足所有子查询的邻居。

表 4-2 对以上提到的几种基于非结构化 P2P 的网格资源发现系统进行了比较。

表 4-2　　基于非结构化 P2P 的网格资源发现系统的比较

系统	结构	资源索引	查询解析
Iamnitchi 等[21]	平铺的 P2P 覆盖网络，每个虚拟组织有一个或多个 peer	每个 peer 提供一个或多个资源的信息	四种请求转发策略：随机漫步、基于学习、最佳邻居、基于学习+最佳邻居
Talia 等[23]	平铺的 P2P 覆盖网络，每个虚拟组织有一个符合 OGSA 规范的 peer 服务	每个虚拟组织中，层次化的索引服务提供了本地资源的信息	消息通过改进的 Gnutella 协议在 peer 服务之间进行路由
Mastroianni 等[24]	每个组织中，一个或多个节点作为超级节点	超级节点维护本地组织中所有节点的元数据	查询转发的超级节点由以前资源发现的统计信息决定
Puppin 等[26]	节点组织成集群，每个集群有一个或多个超级节点	每个节点中的代理发布资源信息。信息被广播到节点中的所有超级节点	跳数计数索引用来选择具有最高成功概率的邻居超级节点
Marzolla 等[27]	节点组织成树状结构	每个节点维护以邻居节点为根的子树的资源的压缩描述	多属性查询分解为子查询集合。子查询通过匹配路由索引，路由到索引满足所有子查询的邻居节点

4.4.2　结构化系统

MAAN[28]为资源的每个属性维护一个 DHT。通过保持局部性的哈希函数使得一致分布的属性值空间映射到一致分布的哈希空间。资源每个属性值对应的节点上都保存该资源信息的一个副本。每个节点上存放<属性值、资源信息>对。多属性查询通过两种方式实现。

第一种是迭代的方式，每个查询分解成 M 个子查询，每个子查询分别在对应的属性空间中进行解析，最后在查询的起始节点对所有结果求交集。这是最简单但是最低效的方式。路由跳数为

$$O\left(\sum_{i=1}^{M}(\log N + N \times S_i)\right)$$

式中，M 为子查询的个数；N 为节点个数；S_i 为子查询 i 的选择因子。

第二种方法为单属性控制的路由——从待查询的属性中选择一个属性，使得查询此属性对应的区段时经过的跳数最少。由于资源的每个属性值对应的节点上都存放着<属性值、资源信息>对，可以通过资源信息匹配查询其他属性。此方法的路由跳数为

$$O(\log N + S_{\min} \times N)$$

式中，$S_{\min}$ 为所有属性的 S_i 值中最小的；N 为 overlay 中的节点个数；$S_i = (H(v_{ih}) - H(v_{il}))/2^m$，其中，$H(v_{ih}) - H(v_{il})$ 为属性 i 待查找的范围（range），m 为哈希值的位数。路由跳数与待查找的属性个数无关。为了构建哈希函数，属性值的分布应该是连续、单调递增且预先知道的。

Andrzejak 等[29]提出了一种扩展 CAN 的支持区段查询的网格信息服务。在此结构中，所有的网格资源通过属性集合描述。每个属性根据其类型的不同使用标准的 DHT 或者被扩展的 CAN。属性具有有限值时，由标准的 DHT 处理，而具有连续值时采用扩展的 CAN。为了定位指定属性的资源，每个属性在对应的 DHT 中进行匹配，然后对结果求交集。每个节点存放<属性值、资源 ID>对。每个节点负责属性值的一个子区域。

SWORD[30]将属性的值空间通过映射函数映射到 DHT 的 key 空间。key 由属性位、属性值位和随机位组成。每个属性被分配到同一 DHT 的一个子区域。设 DHT 的 key 空间被分成 N 个不重叠的子区域，M 为属性的个数。当 $M=N$ 时，每个子区域对应一个属性；当 $M>N$ 时，某些子区域对应多个属性；当 $M<N$ 时，存在一些子区域不对应任何属性。同一资源信息复制到该资源的每个属性值对应的节点上。SWORD 可允许新属性随时加入，资源的属性个数可不固定且无需事先知道。解析多属性查询时，从待查询的属性中选择一个属性，使得查询此属性对应的区段时经过的节点数最少。

XenoSearch[31]在 Pastry 的索引和路由机制之上进行了扩展。它为每个资源属性建立了一个单独的 Pastry 环。信息以树状的结构进行存储。叶子为 XenoServer 节点，内节点叫做集合点，每个集合点为其下属节点的属性值建立并维护索引。每个集合点都有一个钥匙(key)，集合点的钥匙是其子节点钥匙的前缀。集合点的钥匙映射到 Pastry 上，与此钥匙最接近的 XenoServer 负责维护与集合点相关的信息。在解析多属性查询时，将其分解为每个属性一个的子查询。对每个子查询的结果求交集得到满足条件的资源集合。

INS/Twine[32]中，资源描述和查询请求用属性-值树(AV-tree)表示。例如，

```
<res>camera
    <man>ACompany</man>
    <model>AModel</model>
</res>
<subject>traffic</subject>
```

其底层的覆盖用 CHORD。它将每个资源描述的属性-值对分成多个"束"(strand)。束为资源属性串的前缀子串。假设资源描述的属性-值对共有 a 个，t 为顶层属性的个数，则束的个数为 $s = 2a - t$。

例如，如果输入的束为 res-camera-man-ACompany，则

h1 = hash(res-camera)

h2 = hash(res-camera-man)

h3 = hash(res-camera-man-ACompany)

输出的钥匙为 h1、h2 和 h3，将 h1、h2 和 h3 映射到对应的 DHT 节点上。

如果查询请求中有多个束，则对最长的束进行匹配。做多属性查找时，如果所有节点都正常运行，则查找所需跳数为 $O(\log N)$，N 为节点个数。资源的属性无需事先知道，但不支持区段查询。

Mercury [33] 与 SWORD 和 MANN 类似，为每一个属性维护了一个单独的逻辑覆盖，所不同的是，覆盖不是基于 DHT。Mercury 实现了多属性的范围查询，为每个属性创建一个逻辑的属性中心。每个属性中心由一些节点组成，这些节点构成环状结构。每个节点存储属性值的一个连续的值空间。相邻节点存储的值空间连续。每个节点保存三种类型指针：①前驱和后继节点指针；②指向所属属性中心中 k 个节点的指针；③指向其他每个属性中心中任意节点的指针。资源信息复制到各个属性中心上。解析多属性查询时，从待查询的属性中选择一个属性，使得对此属性进行区段查询时需要访问的节点数最少。查询请求被送到此属性对应的中心上。

路由跳数 $= O\left(\dfrac{1}{k}\log^2 N\right)$，$N$ 为节点个数。

Schmidt 等[34]提出了用单个 DHT 支持多属性查询。多维属性值用空间填充曲线映射到一维空间。每个资源映射到的节点 ID 通过计算属性值获得。查询向和目的 ID 的共同前缀位比当前节点多一位的节点进行转发。

Ratnasamy 等[35]提出了利用一致哈希函数在节点间均匀分布存储负载的系统。由于属性值的局部性并未保持，在底层的 DHT 上构建了一层覆盖以有效地进行区段查询。每个属性对应不同的 tier 树，tier 树的根节点分配了该属性的全部值空间。资源向每个属性对应的 tier 树的叶子节点进行注册。初始化时，仅有根节点存在，所有的资源注册到根节点上。

资源的个数增多时，根节点创建两个子节点分担负载。tier 树的节点通过一致哈希函数映射到 DHT 节点。DHT 的功能是用来查找负责某一区段的节点，然后此节点向其子树进行广播。

NodeWiz 只维护了单个分布式索引，所以更新开销与属性个数无关[36]。NodeWiz 基于 KD-Tree。初态只有一个节点。当有新节点加入时，根据 top-k 算法求得负载最重的 k 个节点，将负载由新节点和负载最重的节点进行分担。并根据 Splitting 算法选出要划分的属性，新节点和负载最重的节点在此属性空间上进行划分。属性空间的划分形成分布式决策树。每个节点的路由表含有层次、属性名、最小值、最大值和 IP 地址这些字段。同一资源的信息只保存到一个节点上，减少了存储和更新开销，并能有效进行负载平衡。表 4-3 对几种基于结构化 P2P 的网格资源发现系统进行了比较。

表 4-3　几种基于结构化 P2P 的网格资源发现系统的比较

系统	结构	基本协议	多属性资源注册	多属性查询解析	区段查询	资源属性	负载均衡
MAAN[28]	每个属性一个 DHT	Chord	每个属性在对应的 DHT 上注册	对每个子查询分别解析，并对子查询结果求交集；单属性查询的路由	顺序	固定而且事先知道	使用一致的哈希函数
Andrzejak 等[29]	每个属性一个 DHT	CAN	每个属性在对应的 DHT 上注册	对每个子查询分别解析，并在查询的初始节点对子查询结果求交集	泛洪	固定而且事先知道	简单的邻居负载信息交换
SWORD[30]	每个属性被分配到同一 DHT 的一个子区域	Bamboo	每个属性注册到 DHT 中对应的子区域	从待查询的属性中选择一个属性，使得查询此属性对应的区段时经过的跳数最少；或者随机选择一个属性	树结构	不固定且事先需要知道	离开-重加入协议
XenoSearch[31]	每个属性一个 DHT	Pastry	每个属性在对应的 DHT 上注册	对每个子查询分别解析，并在查询的初始节点对子查询结果求交集	树结构	固定而且事先知道	无
INS/Twine[32]	资源的属性-值对的每个 strand 放到对应的 DHT 节点上	Chord	对每个资源描述的多个属性-值对的每个 strand 进行哈希计算，放到对应的 DHT 节点上	包含好几个 strand 的查询，用最长的 strand 解析	不支持	不固定且事先需要知道	使用一致的哈希函数
Mercury[33]	每个属性一个 DHT	Symphony	所有属性注册在每个 DHT 上	查找具有最小范围的属性对应的 DHT	顺序	固定而且事先知道	周期性的网络抽样
Schmidt 等[34]	所有属性共一个 DHT	Chord	通过点查询注册属性	向有更多前缀的邻居转发	树结构	固定而且事先知道	邻居节点间交换负载
Ratnasamy 等[35]	每个属性对应一个 tier 树。所有的 tier 树映射到同一 DHT	任意	每个属性注册到对应的 tier 树	对每个子查询分别解析，并在查询的初始节点对子查询结果求交集	树结构	固定而且事先知道	使用一致的哈希函数
NodeWiz[36]	属性空间的划分形成分布式决策树	任意	通过路由表找到合适的节点注册	通过路由表找到合适的节点	通过路由表找到合适的节点	固定而且事先知道	根据 top-k 算法求得负载最重的 k 个节点，将负载最重的节点进行分担

4.5　结　　论

目前的一些网格资源发现系统采用了 P2P 模型，包括非结构化或者结构化、完全分布式或者基于超级节点的结构，以及不同的改进路由性能和搜索精确性的算法。非结构化和结构化 P2P 系统各有优缺点。结构化系统的可扩展性更好，并能有效支持区段查询。但是，在动态环境下难以维护；而非结构化系统则适用于动态环境。混合结构充分结合了结构化和非结构化系统各自的优点。OGSA 和 Web 服务作为标准技术的出现，提供了将 P2P 模型融入到网格环境中的机会。

用 P2P 模型解决网格环境下的资源发现问题的基本需求是：可扩展性、可靠性和支持动态性。由于网格节点任何时候都可能加入或离开，而且资源的状态和可用性也会动态变化，因而支持动态性是最基本的需求。网格系统的另一个基本需求是能够执行多属性区段查询。

现有的 P2P 模型已能满足网格环境下资源发现问题的基本需求，利用 P2P 模型来解决网格环境下的资源发现问题，已经得到越来越广泛地运用。

参 考 文 献

[1] 徐志伟，卜冠英，李伟，等. 网格环境下一种有效的资源查找方法. 北京: 中国科学院计算所, 2003.

[2] Kleinberg J M. Navigation in a small world. Nature, 2000, 406(6798): 845.

[3] Foster, Kesselman C. Globus: A metacomputing infrastructure toolkit. Int. J. of Supercomputer Applications, 1997, 11(2): 115-128.

[4] Foster I, Kesselman C, Nick J, et al. The physiology of the grid//Berman F, Fox G, Hey A. Grid Computing: Making the Global Insfrastructure a Reality. New Jersey: Wiley, 2003: 217-249.

[5] Czajkowski K, Ferguson D, Foster I, et al. The WS-Resource framework version 1.0. http://www-106.ibm.com/developerworks/library/ws-resource/ws-wsrf.pdf.

[6] Litzkow M, Livny M. Experience with the Condor distributed batch system. Proc. IEEE Workshop on Experimental Distributed Systems, 1990.

[7] Erwin D W, Snelling D F. UNICORE: A grid computing environment. Proc. 7th Euro-Par Conference(Euro-Par 2001), LNCS, 2001, 2150: 825-834.

[8] LCG - LHC Computing Grid Project. 2010. http://lcg.web.cern.ch.

[9] Dynamic Query Protocol. 2010. http://www.the-gdf.org/wiki/index.php?title=Dynamic Query Protocol.

[10] Tsoumakos D, Roussopoulos N. A comparison of peer-to-peer search methods. Proc. Int. Workshop on Web and Databases(WebDB 2003), 2003: 61-66.

[11] Gkantsidis M M, Saberi A. Hybrid search schemes for unstructured peer-to-peer networks. Proc. IEEE INFOCOM, 2005.

[12] Crespo A, Garcia M H. Routing indices for peer-to-peer systems. Proc. 22nd Int.Conf. on Distributed Computing Systems (ICDCS'02), 2002: 23-30.

[13] Sripanidkulchai K, Maggs B, Zhang H. Efficient content location using interest-based locality in peer-to-peer systems. Proc. IEEE INFOCOM, 2003.

[14] Zeinalipour Y, Kalogeraki V, Gunopulos D. Exploiting locality for scalable information retrieval in peer-to-peer systems. Information Systems J, 2005, 30(4): 277-298.

[15] Chawathe Y, Ratnasamy S, Breslau L, et al. Making gnutella-like P2P systems scalable. Proc. ACM SIGCOMM 2003 Conf. on Applications, Technologies, Architectures, and Protocols for Computer Communication, 2003: 407-418.

[16] Yang B, Garcia M H. Designing a super-peer network. Proc. Int. Conference on Data Engineering (ICDE 2003), 2003: 49-60.

[17] Ratnasamy S, Francis P, Handley M, et al. A scalable content-addressable network. ACM SIGCOMM'01, 2001.

[18] Stoica, Morris R, Karger D R, et al. Chord: a scalable peer-to-peer lookup service for internet applications. Proc. ACM SIGCOMM 2001 Conf. on Applications, Technologies, Architectures, and Protocols for Computer Communication, 2001: 149-160.

[19] Rowstron, Druschel P. Pastry: scalable, decentralized object location and routing for large-scale peer-to-peer systems. ACM/IFIP/USENIX Middleware 2001, 2001.

[20] Zhao Y, Huang L, Stribling J, et al. Tapestry: a resilient global-scale overlay for service deployment. IEEE Journal on selected areas in communications, 2004, 22(1): 41-53.

[21] Iamnitchi, Foster I, Nurmi D. A peer-to-peer approach to resource discovery in grid environments. Proceedings of the 11th Symposium on High Performance Distributed Computing, Edinburgh, UK, 2002.

[22] Li W, Xu Z, Dong F, et al. Grid resource discovery based on a routing-transferring model. Proceedings of the 3rd International Workshop on Grid Computing, Baltimore, MD, 2002: 145-156.

[23] Talia D, Trunfio P. Peer-to-peer protocols and grid services for resource discovery on grids //Grandinetti L. Grid Computing: the New Frontier of High Performance Computing, Advances in Parallel Computing. Amsterdam: Elsevier, 2005.

[24] Mastroianni D T, Verta O. A super-peer model for building resource discovery services in grids: design and simulation analysis. Proc. European Grid Conference (EGC 2005), LNCS, 2005, 3470: 132-143.

[25] Yang B, Garcia M H. Designing a super-peer network. Proc. Int. Conference on Data Engineering (ICDE 2003), 2003: 49-60.

[26] Puppin D, Moncelli S, Baraglia R, et al. A grid information service based on peer-to-peer. Proc. 11th Euro-Par Conf. (Euro-Per 2005), LNCS, 2005, 3648: 454-464.

[27] Marzolla M, Mordacchini M, Orlando S. Resource discovery in a dynamic grid environment. Proc.DEXA Workshop 2005, 2005: 356-360.

[28] Cai M, Frank M, Chen J, et al. MAAN: a multi-attribute addressable network for grid information services. Proc. 4th Int. Workshop on Grid Computing (GRID 2003), 2003: 184-191.

[29] Andrzejak, Xu Z. Scalable, efficient range queries for grid information services. Proc. 2nd Int.Conf. on Peer-to-Peer Computing (P2P 2002), 2002: 33-40.

[30] Oppenheimer D, Albrecht J, Patterson D, et al. Distributed resource discovery on planetlab with sword. Proceedings of the First Workshop on Real, Large Distributed Systems (WORLDS 2004), 2004.

[31] Spence D, Harris T. Xenosearch: distributed resource discovery in the xenoserver open platform. Proc. Twelfth IEEE Int. Symposium on High Performance Distributed Computing (HPDC-12), 2003: 216-225.

[32] Balazinska M, Balakrishnan H, Karger D. INS/Twine: a scalable peer-to-peer architecture for intentional resource discovery. Proceedings of the Pervasive 2002, 2002.

[33] Bharambe A R, Agrawal M, Seshan S. Mercury: supporting scalable multi-attribute range queries. Proc. ACM SIGCOMM 2004 Conf. on Applications, Technologies, Architectures, and Protocols for Computer Communication, 2004: 353-366.

[34] Schmidt C, Parashar M. Flexible information discovery in decentralized distributed systems. Proc.12th Int. Symp. on High-Performance Distributed Computing (HPDC-12 2003), 2003: 226-235.

[35] Ratnasamy S, Hellerstein J M, Shenker S. Range queries over DHTs. IRB-TR-03-009, Intel Corporation, 2003.

[36] Basu S, Banerjee S, Sharma P, et al. NodeWiz: peer-to-peer resource discovery for grids. Technical Report HPL-2005-36, HP Labs, 2005.

第 5 章

织女星计算网格

科学技术部 863 计划在"九五"、"十五"、"十一五"期间分别成立了网格计算重大专项计划，支持我国 **CNGrid** 网格软件平台的开发和部署，其中 **CNGrid** 的网格操作系统软件 **CNGrid GOS（Vega GOS）**是由中国科学院计算技术研究所牵头，联合国内主要科研单位和院所研制的具有我国自主知识产权的网格操作系统软件。本章将从资源管理、资源访问和使用的角度，分别从逻辑、物理、部署和运行四个角度说明织女星系统网格软件的总体结构和功能。

5.1 软件层次

织女星网格软件是网格应用和网格资源之间的桥梁。其作用是把用户请求(网格计算、网格数据和网格应用等)与特定的网格资源连接在一起，使用户不必了解网格资源的细节(位置、调用方式)，做到对用户透明的资源共享。

织女星网格软件的层次结构与模块划分如图 5-1 所示，安全服务和信息服务是整个网格软件纵横支撑体，是网格软件的基础。

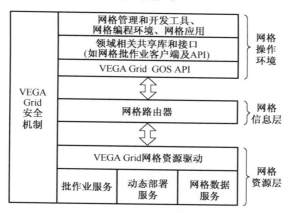

图 5-1 织女星网格软件层次结构

在织女星网格软件中，对开发用户开放的接口为 GOS 客户端 API 开发库，提供了网格作业管理、网格文件操作、网格资源调用等接口功能。

在织女星网格软件层次结构的最下层是资源层。网格系统软件要求所有接入到网格系统中来的资源必须以服务(Web 服务或 Grid 服务)的方式提供接口。这些资源可以是包装成服务形式的计算资源、软件资源或其他设备资源。目前根据计算资源的需求特点，资源层以网格服务的形式提供了批作业、数据和动态部署功能，并能以工具形式提供命令行执行的软件资源的服务化包装功能，称之为网格资源驱动。

5.2　硬　件　拓　扑

为了更好地支持底层异构主机资源，便于对各自管理域内的资源进行管理，建议在地理分布的节点前端部署网格服务器主机(图5-2)，并通过网格服务器对外提供服务，共享资源。这样一是可以避免计算资源直接暴露在公网上，从而免遭恶意攻击；二是可以把资源网格化的工作放到网格服务器上，从而避免环境不一致带来的开发问题。

目前支持的网格客户端包含两种类型。一是通用浏览器，如 IE、Netscape 等；二是使用 GOS API 开发的专用客户端。

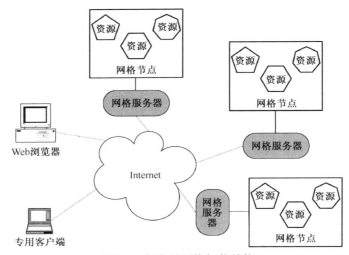

图 5-2　织女星网格拓扑结构

5.3　部　署　结　构

在网格服务器上安装的网格系统软件如图 5-3 所示。网格节点内的资源可以通过 GOS Driver 与网格系统软件通信。

　　另外，为了支持计算外包(computation outsourcing)功能，在节点内可以再部署一个独立于网格服务器的网格应用服务器，运行基于 GOS 运行时支持包开发的网格应用，该应用可以直接使用节点内的资源，在节点内资源不能满足要求时，通过网格服务器上的网格系统软件，使用别的节点的资源，从而实现计算外包的功能。

　　网格资源必须在注册之后才能为网格系统软件感知，基于 GOS 的客户端才能使用该资源。因此，节点内的资源可以注册到前置网格服务器的网格系统软件上，节点外(不属于节点管理域内)已经对外提供服务的资源(Web Service 或 Grid service)也可以就近(网络距离)注册到网格系统软件上(图 5-3)。

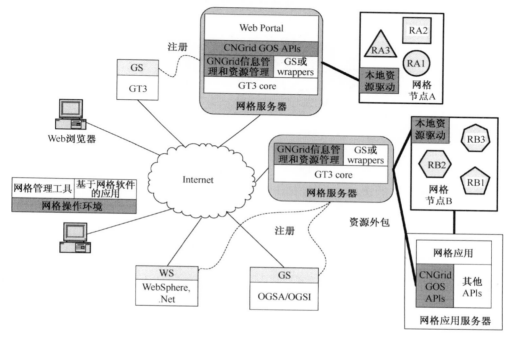

图 5-3　织女星网格软件部署结构

5.4　运　行　结　构

　　运行结构说明了用户通过织女星网格软件使用资源的模式。如图 5-4 所示，织女星网格软件支持用户以三种方式使用资源。第一种，直接指定具体的服务地址(资源物理地址)，织女星网格软件不需要进行地址转换，直接定位资源；第二种，指定资源标识(资源虚拟地址)，织女星网格软件通过资源路由器进行虚拟到物理的地址转换，间接定位资源；第三种，客户端提供服务的实现(服务的静态表现形式为 gar 文件)，织女星网格软件通过资源路由器定位服务的宿主环境(dynamic deploy service，DDS)，客户端调用 DDS 将服务动态部署到宿主环境上，然后再调用该服务完成用户的计算工作。

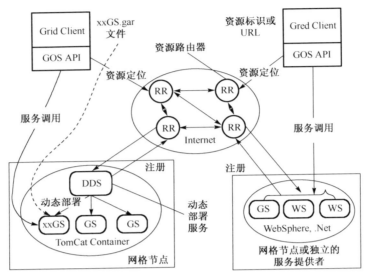

图 5-4　织女星网格运行结构

通过资源路由器的接口或相应工具，网格节点或服务提供者可以把资源注册到资源路由器上，同时还可以进行资源的更新、撤销等操作。多个资源路由器构成网络，通过路由更新机制，使得每个路由器上的资源视图是全网格一致的。这样用户访问网格中任意的资源路由器，均可以定位到所需资源。

5.5　主要模块功能及实现

织女星网格软件的实现遵循"兼容国际、重点创新"的指导思想。受国际网格研究界的影响，织女星网格软件的实现经历了渐进演变的过程。本书课题组通过长期跟踪国际网格界发展动态，率先采用 OGSI/GT3 核心来实现网格软件的主要功能模块，并对网格资源的服务化提供有效工具。织女星网格软件 1.0 Beta 版具有以下六种功能。

（1）支持在全国范围内对多种异构网格资源的接入。支持多个网格资源之间的计算共享、存储共享、数据共享和软件共享。

（2）支持资源节点的自治性，各个资源可以动态地自主加入或离开网格系统。

（3）支持资源的虚拟化使用，具有资源透明选择、动态负载均衡功能。

（4）支持网格资源的全生命周期（开发、部署、使用、修改、撤销）特性。

（5）支持从最终用户经网格软件到网格资源的网格安全机制。支持全网格统一的安全用户管理。提供初步的、全局一致的用户认证和授权功能。

（6）支持网格技术的国际标准，如 OGSI 和 Web Service 的相关标准。

5.5.1　信息服务

1.　功能

信息服务对资源信息进行组织与管理，提供资源信息的发布与发现功能，提供信息访问与服务功能，支持资源的动态注册、发现和绑定，以及资源之间的动态组合。

资源信息分布存储，自治维护。资源静态信息由各网格系统软件上的信息服务负责管理和维护，也就是说，管理域内的资源注册、更新、撤销的工作是基于特定信息服务的，这符合网格自治性原则。

采用基于路由转发的资源定位（资源查找）技术。各信息服务互连成网状拓扑，通过路由更新机制使各信息服务维护的路由表保持收敛状态。当信息服务接收到资源定位请求后，采用单播或多播的方式向邻居信息服务转发请求，直到匹配到符合要求（资源描述匹配、数量匹配）的资源才结束定位过程。

网格系统的在线扩展方式。网格系统软件之间通过信息服务互连，因此网格节点加入或离开网格是由信息服务控制的。信息服务在 GSI 安全机制的保证下可动态且主动地加入或离开网格，而不影响网格中其他信息服务和网格系统软件。

提供客户端开发库，方便用户开发网格应用。

2.　实现

信息管理主要提供分布式的资源信息管理和资源定位功能。网格路由器是信息管理的主要功能模块，实现了网格资源地址空间中的虚拟资源到物理资源的转换。所谓物理资源，指网格节点上已有的各种硬件、软件，这些软硬件可以通过 Grid Service（GS）或 Web Service（WS）封装后以标准的服务方式提供给外部的资源请求者使用。所谓虚拟资源指具有相同功能，且访问接口相同的一类物理资源。利用资源属性描述，提供基于路由转发的资源定位，以及资源注册、修改/更新、注销功能。此外，还提供资源路由器之间互联的管理功能。信息管理的结构如图 5-5 所示。

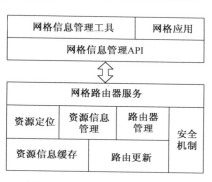

图 5-5　织女星网格信息管理

多个网格路由器连接成网状结构，构成了分布式的网格信息管理系统，每个网格路由器服务均成为网格信息管理系统的单一入口点。网格资源注册到任意网格路由器之后，都可以通过调用网格信息管理 API，得到虚拟资源到物理资源的绑定信息。

3. 工具

如图 5-6 所示，网格管理员可以通过信息管理工具管理网格中所有授权范围内的资源。可通过该工具注册、更新、撤销网格资源；可通过该工具将某网格节点与已有网格系统互连起来；可通过该工具在全网格范围内搜索特定的网格资源；可通过该工具查看已有的网格节点拓扑互连情况。

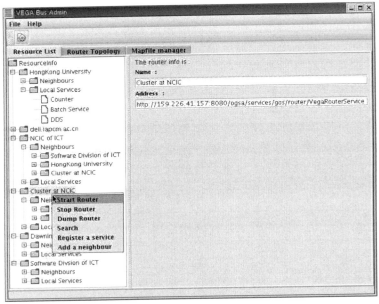

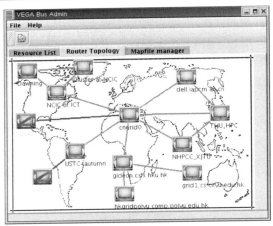

图 5-6　织女星网格管理界面

5.5.2　作业服务

1.　功能

提供多点一致的网格访问及使用入口，使网格系统从逻辑上具有单系统映像的功能。

提供全网格一致的统一的作业服务和管理机制。对用户的计算作业而言，作业描述、提交方式、状态查询和结果返回接口统一，用户不用了解后端所使用的批处理系统的细节。对用户的通用服务调用作业而言，可以使用网格系统软件提供的客户端开发库，接口与原有服务调用接口一致，但无需预先知道该服务的实际调用地址。

网格系统软件扩展了物理资源的访问方式。通常，通用服务的调用接口是同步的，网格系统软件在此基础上，扩展了异步和缓存两种调用方式。前者，计算结果可以用通知的方式推送给用户；后者，计算结果可以保存在网格系统软件服务器端，待用户下次登录网格时主动取回。

基于客户端开发库的网格应用与网格系统软件所在网格服务器的物理位置无关，可实现应用的 3A(any time, any where, any device) 使用。

提供客户端开发库，方便用户开发网格应用。

2.　实现

作业服务主要提供全网格统一的作业管理机制，实现了基于虚拟资源的作业管理技术。包括与作业运行位置无关的作业描述及其解析，网格资源的状态查询、选择、调度和分配，作业的创建和执行，作业的状态查询和结果返回等。作业管理的总体结构如图 5-7 所示。

图 5-7　织女星网格作业管理

为了方便用户使用网格，本书课题组针对网格节点的高性能计算能力，在网格作业管理的基础上开发了适用于网格环境的批作业管理系统，以及相应的 API。支持远程提交批作业，支持文件的 stage in/stage out，并与作业执行位置无关。

3.　工具

图 5-8 是批作业提交工具。图 5-9 是通用服务调用测试工具。

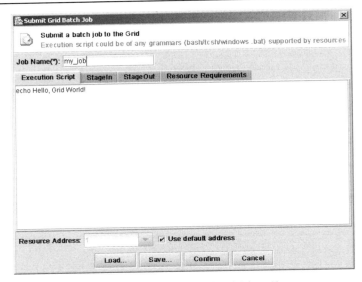

图 5-8　织女星网格批作业提交工具

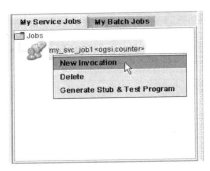

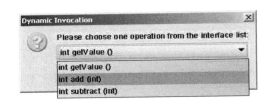

图 5-9　织女星网格服务调用测试工具

5.5.3　文件服务

1. 功能

以 GASS 或 GridFTP（GSIFTP）的高效安全传输机制为基础，提供网格用户到网格服务端，网格服务端到网格服务端的数据文件的存储和传输功能。

支持面向网格用户的全网格一致的文件目录结构视图，以及相应的文件及目录操作编程接口，这些操作包括创建、修改、删除文件或目录，以及文件传输（目录间拷贝或移动）等。

提供客户端开发库，方便用户开发网格应用。

2. 实现

通常计算节点都提供 Scratch Space 作为用户的临时存储区域，计算所需的文件可以事先存放到这个区域。为保证计算节点的正常运行，系统管理员会定期清理这个区域。

网格节点存储资源管理沿用了计算节点和用户的这一使用习惯，更为方便的是，为网格用户提供了远程 stage in/stage out 文件的统一接口，同时在客户端开发库中加入了类似文件系统操作语义的接口，并扩展了各网格节点的文件系统。网格节点存储资源管理的结构如图 5-10 所示。

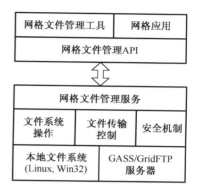

图 5-10　织女星网格存储资源管理结构

3. 工具

如图 5-11 所示，可从本地传输文件到网格端。

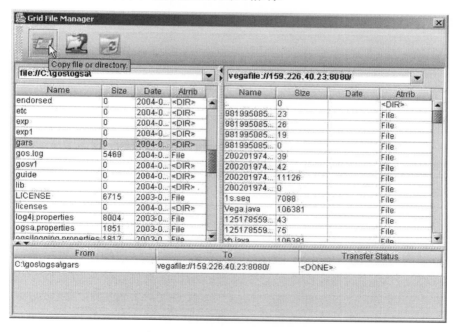

图 5-11　织女星网格文件传输

如图 5-12 所示，可实现第三方传输，即从一个网格节点传输文件到另一个网格节点上。

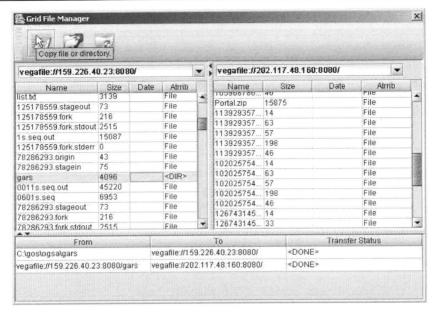

图 5-12　织女星网格第三方传输

5.5.4　资源管理

1. 功能

资源管理主要提供管理域内的网格资源的部署功能。支持管理域内在线可扩展性的资源全生命周期管理机制，提供资源注册、部署、更新、注销的管理功能。同时，结合网格系统软件信息服务的资源定位技术，提供全网格一致的资源目录，以及资源的静态和动态状态信息获取功能。

2. 实现

网格软件中资源管理的重点放在资源动态部署和网格存储资源管理技术实现上。资源动态部署的优势在于可以按需部署，部署过程不影响已有系统的运行，即系统不停机，这符合网格在线可扩展的特性。网格存储资源管理的主要功能是辅助科学计算作业进行大容量文件传输，同时，将各网格节点提供的存储资源统一管理起来，为上层应用提供单一入口点，以及全网格一致的文件目录结构视图。网格存储资源管理支持网格文件和目录的创建、修改和删除，通过 GASS 或 GridFTP 支持第三方的网格文件移动和复制。

在网格软件中，网格资源的静态形式为.gar 文件，但已有的 GS/WS 服务容器不能支持动态部署功能。因此，本书课题组组织力量对现有的 GS/WS 服务容器进行分析，采用直接修改内部数据结构的方法，使 GT3 Standalone Container Server 和 Tomcat Container Server 能够支持不停机的部署.gar 服务。

动态部署管理的结构如图 5-13 所示。用户可以将开发好的网格服务.gar 文件，通过资源动态部署服务部署到指定的网格服务容器内，并立即运行起来。为了提高动态部署的性能，在资源动态部署服务实现中加入.gar 文件缓存功能，利用.gar 文件内容的 Hash 代码(MD5)作为资源的唯一标识。在调用资源动态部署服务之前，用该 Hash 代码查询是否已经存在该服务，如果已经存在，则无需传输.gar 文件。

3．工具

利用信息服务的资源定位功能，以及资源层动态部署服务的功能，织女星网格资源管理工具可以将网格服务部署到网格节点的容器(Tomcat container)中(图 5-14)。

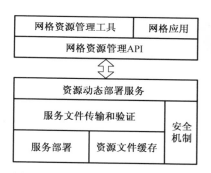

图 5-13　织女星网格资源动态部署

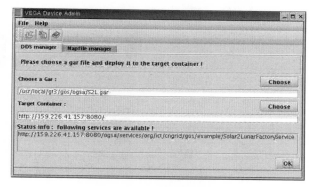

图 5-14　织女星网格资源管理

5.5.5　安全机制

1．功能

织女星网格软件的安全机制遵循 GSI(grid security infrastructure)标准，GSI 基于公钥加密体系，采用 X.509 认证、SSL(secure socket layer)通信协议并支持基于 W3C 标准的 SOAP 消息安全性，并对它们进行了一定的扩展，使得 GSI 可以支持单点登录。织女星网格软件提供用户透明的客户端到服务端的信息传输安全，以及基于证书的网格环境下的身份认证，同时保证了用户、服务端，以及传输过程的安全。支持 GSI 客户端和通用浏览器客户端。通过访问控制列表可进行管理域内的资源授权操作。为保证所有网格实体(用户和资源)证书的唯一性，全网格拥有唯一的证书认证中心(CA)。

2．实现

整个网格设立一个 CA 中心(图 5-15)，负责网格用户及主机证书的管理，证书格式兼容 Globus。CA 中心包含以下服务器：CA 服务器(CA 服务器是认证系统的核心部分，向外围系统提供证书签发、证书吊销、证书更新、定期发行证书撤销列表等服务)，RA 服务器(在整个安全体系结构中起承上启下的作用，一方面向 CA 服务器转发安全服务器传输过来的证书申请请求，另一方面向安全服务器转发 CA 服务器签发的数字证书和 CRL)，LDAP 服务器(提供目录浏览服务，负责发布证书和 CRL)，OCSP 服务器(响应应用系统以 OCSP 协议查询证书状态的请求，如确定证书是否是本 CA 签发、是否已被吊销，并将结果返回给应用系统)。网格节点逻辑上由注册的各种服务资源合成。网格节点设立安全服务器，可作为本地注册点(LRA)。

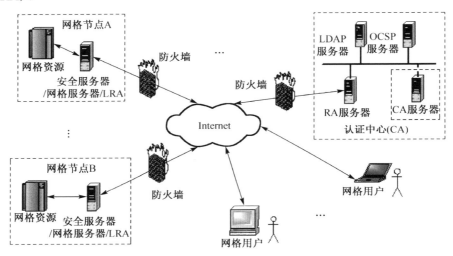

图 5-15　织女星网格软件安全机制

根据网格客户类型的不同，网格客户端的安全配置也有所差异。从安全角度来说，网格用户分为两种类型：普通用户(其私钥加密存放于只有其所有者才能读取的文件中)和安全用户(对安全级别要求比较高的用户,其私钥存放于硬件令牌(如智能卡或 USB Token Key)中，但客户端可能必须使用诸如读卡器等硬件辅助设施)。密码算法可兼容国际标准，也可采用自主产权的对称密码算法。客户端到网格端的安全机制采用集成 GSI 网格安全体系实现，从而做到"兼容国际"。

用户管理负责管理全网格统一的用户身份；维护用户的代理证书(proxy 证书)，便于网格门户支持浏览器客户端；以 GSI 保证网格用户身份的认证；以代理证书和证书链机制保证网格用户对网格的单一登录(single sign on)；以 gridmap 实现网格用户和本地用户的映射关系，从而在资源层(网格节点)实现对用户的访问控制。

下图 5-16 示意了网格用户申请证书到登录网格、使用网格资源的全部过程。

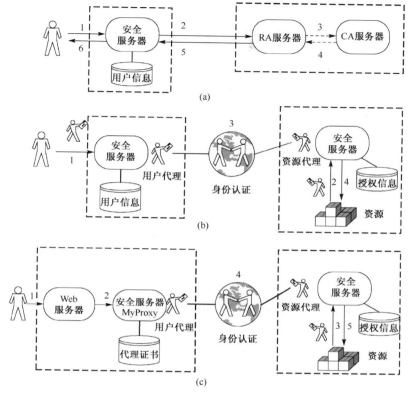

图 5-16　织女星网格用户证书及认证

图 5-16(a)为网格用户证书申请的过程。其步骤如下。

(1)用户提交网格用户申请文件(包括个人信息、组织信息、公钥等)到网格节点的安全服务器上。

(2)安全服务器对用户申请的合法性进行审核，如果通过后提交到认证中心的 RA 服务器。

(3)RA 服务器交由 CA 服务器，由其签发证书。

(4)CA 服务器签发证书后返回给 RA 服务器，并由 RA 服务器存档(如放入 LDAP 服务数据中)。

(5)RA 服务器将签发的证书交给节点安全服务器。节点安全服务器在本地相关的数据库(如用户管理库、记账信息库等)中添加新的用户项。

(6)用户收到节点安全服务器返回的签发证书，正式成为网格用户。

图 5-16(b)为专用客户端的情况。

(1)用户登录某个网格节点，将生成的代理证书委托(delegation)给网格节点的安全服务器。

(2)网格节点的资源生成资源的代理证书。

(3)用户代理和资源代理进行相互身份认证。

(4)通过身份认证后,网格节点安全服务器根据授权信息库控制用户对网格资源的访问。

图 5-16(c)为 Web 浏览器客户端的情况。

(1)用户登录 Web 服务器,输入存取其代理证书的用户名和口令(与 Web 服务器相关)。

(2)Web 服务器接受用户的请求,转交给安全服务器上的 MyProxy 守护进程,由其从代理证书库中取出用户的代理证书。

(3)网格节点的资源生成资源的代理证书。

(4)用户代理和资源代理进行相互身份认证。

(5)通过身份认证后,网格节点安全服务器根据授权信息库控制用户对网格资源的访问。

3.　工具

织女星网格安全机制遵循 GSI 标准,用户可以使用 GSI 实现的接口对证书进行操作。另外,织女星网格软件中安全机制的实现是对用户透明的,即只要用户拥有合法的证书,就能够使用织女星网格软件。织女星网格软件还针对网格 Portal 的开发用户提供了必要的安全接口。

第 6 章

织女星信息网格

信息网格研究的主要问题之一就是解决分布、异构信息孤岛，实现连通，提供单一系统映像，并满足单一信息源的需求。本章将这些业务问题抽象成技术上信息网格需要研究的资源空间模型问题。主要从信息网格应用场景中对信息资源的表示、描述、组织、注册、部署、使用、管理、维护、定位、访问和最终撤销等业务和技术需求出发，研究资源空间模型的结构和实现。依据 EVP 模型[①]，提出了完全基于关系的信息网格 REVP(relation-based EVP)模型，并研讨如何利用该模型具有的一些基本性质和功能解决信息连通和单一信息源问题。

6.1 资源空间问题

任何信息系统都涉及资源空间问题。资源地址空间也是信息网格体系结构中的核心组成部分，它直接影响到系统体系结构、协议、软件的设计和实现，是整个体系结构运作机制的基础。虽然目前的应用和研究对此也有很多解决的技术和方法，但还没有令人满意的研究成果可借鉴和利用，所以对信息网格资源空间模型的原理、设计和实现的进一步研究具有重要的现实意义和价值。

(1)资源的分层表示(又常称为元数据组织和结构)是人们常用的系统解决方案，但实施中往往将地址空间与数据、系统体系结构与资源组织结构、应用与资源紧密绑定，限制了体系结构的共性特点，导致体系结构与业务应用和数据相关。

(2)网格应用场景的资源具有不确定性，因此资源空间模型需要考虑各种场景的共性需求，要解决动态扩展性、自主性、透明性、一致性、与应用无关性，满足自主控制条件下单一系统映像、单一信息源等需求。

(3)资源空间模型不仅要解决资源的组织和访问问题，同时也要支持并实现不可见的、自动的内部管理操作。例如，多用户访问协同、加锁/解锁(如资源在使用时，不能被删除)、保护、预警通知等。

---

① 由有效层 E，虚拟层 V 和物理层 P 构成的信息网格主体空间模型

与传统的系统平台相比，信息网格的这些研究问题更具有挑战性，因为接入信息网格的资源呈现出更明显的数量大、种类多、异构、分布、动态特征，同时要实现低成本的互连和一致性协同。

6.1.1　应用需求和问题

现今的Internet/Web平台接入的资源已经远远超出了标准的HTML文档的范畴，更多的是通过各种应用系统接入的异构资源(包括计算、数据、信息、软件资源)。具有如下共性问题和特点。

(1)数量巨大，存在大量的信息孤岛、垃圾信息、过期信息。

(2)接入的资源不仅仅是标准格式的页面文档，还包括异构数据库、异构文档、应用系统、网络设备等。

(3)非单一信息源，业务层面需要一致的信息，而在物理层面存在多份互不相干的物理信息，大量冗余和不一致。

(4)不能无缝接入和集成，实现资源互连的成本较高。

(5)应用代码与物理资源绑定较紧，当资源发生变更时，应用程序经常无法正常运行。

(6)使用中呈现非单一系统映像。

相对于这些问题和特点，用户希望满足的共性需求如下：

(1)消除信息孤岛，实现信息连通。

(2)可以支持单一信息源，减少信息冗余，保持信息的一致性和实时更新。

(3)提供全生命周期的管理和维护，支持生产者自主控制和管理，满足消费者自主选择和个性化使用。

(4)资源不是孤立存在的，用户可以在资源间建立虚拟化的动态关联和结合，提供增值(value-added)服务。

(5)资源的动态变更需要对应用无影响，或尽量减少影响程度。

(6)呈现单一系统映像，用户的资源空间是有意义的功能服务，便于用户发现和使用。

(7)接入资源时能为用户屏蔽分布、异构等具体细节问题，降低时间和知识成本。

应用呈现的问题和需求需要总结和抽象成资源空间模型研究的技术问题，可以采取不同的思路和方法，本书的思路就是参照计算机系统的地址空间进行研究。

6.1.2　信息网格资源空间问题

上述分析可以启发对信息网格资源空间模型的设计及实现。当然，网格计算机与传统计算机有很大不同，在确定问题和解决问题时必须考虑网格的特点。根据应用现状和需求，对信息网格资源空间模型的研究，需要定义和回答下列问题：

(1)资源空间模型应该有几个层次？

(2)对每一个网格资源空间层次，如何既精确地定义它，又不至于绑定在一种具体实现上，而是能够区分原理与实现？

(3)每一个层次有什么好处和特点？为什么要引入这个层次？

(4)空间层次之间如何进行地址转换？

(5)每一层次的全生命周期管理，包括从资源和空间的组织、部署、定位、访问、使用到更新和撤销。

以传统计算机为例，引入虚拟地址空间层次提供下列益处：

(1)扩充主存，如一个只有 4GB 内存的计算机可以有 4TB 的虚存。

(2)支持多道程序(有保护地)共享(物理地址空间)资源。

(3)提高好用性。虚拟地址空间的组织、表示、描述比物理地址空间更好用。

(4)提高模块化和透明度。用户编写程序时使用虚拟地址，而不是物理地址。物理资源的变化不会强迫用户修改程序，而可以由系统通过重定位等技术自动地适应。

6.2 问 题 定 义

利用资源空间模型，本节重点研究和解决资源连通和单一信息源的需求问题。针对信息网格应用场景，先对这两个问题作形式化定义。

定义 6.1 设 G 代表一个信息网格系统，$E_i(i=1,2,\cdots)$ 为标识 G 中的一个应用；$S_j(j=1,2,\cdots)$ 标识 G 中的一个物理信息资源，$G = <E_G, S_G, \varphi>$，其中 $E_G = \{E_1, E_2, \cdots\}$，$S_G = \{S_1, S_2, \cdots\}$，$\varphi$ 表示 E_i 访问 S_j 的接口函数，记 $E_i = \varphi(S_j)$ 表示 E_i 通过 φ 与 S_j 建立了访问关系，与 E_i 建立了访问关系的信息资源集合记为 $E_{i,S}$，$E_{i,S} \subseteq S_G$。

定义 6.2 设二元关系 $R_G \subseteq E_G \times E_G$ 是一同类关系，满足①R_G 是等价关系；②对于任意 $(E_i, E_j) \in E_G \times E_G$，$(E_i, E_j) \in R_G$，如果 E_i 和 E_j 提供等价的服务。

等价服务可以根据需求赋予不同的意义。本节规定两个等价服务 $(E_i, E_j) \in R_G$，在被同一用户分别进行同一请求或操作(例如插入同一条记录)后，仍然满足等价服务的同类关系。

约定 6.1 资源连通性：s 表示一个物理信息资源，$s \in S_G$，如果可构建或∃$E_i \in E_G$，使得 $E_i = \varphi(s)$ 且 $s \in E_{i,S}$ 成立，那么物理信息资源 s 对 G 系统来说是连通的，否则 s 与 G 是不连通的。

约定 6.2 单一信息源：对用户来说，$\forall E_i, E_j \in E_G$，如果满足下列条件之一：

(1) $(E_i, E_j) \notin R_G$，

(2) $(E_i, E_j) \in R_G$(对用户呈现等价的服务)，且 $E_{i,S} = E_{j,S}$，

则 E_i, E_j 在 G 系统中满足单一信息源，G 是满足单一信息源特征的系统。否则，G 是非单一信息源系统。

信息孤岛问题：对于一个已经存在的信息网格系统 $G=<E_G, S_G, \varphi>$ 和一个单独存在的物理信息资源 s，$s \in S_G$，如果不能构建 E_i 且 $\neg\exists E_i$，$E_i \in E_G$，使得 $E_i=\varphi(s)$，$s \in E_{i,S}$ 访问关系成立，那么 s 相对系统 G 来说就是一信息孤岛。

非单一信息源问题：对于一个已经存在的信息网格系统 $G=<E_G, S_G, \varphi>$，$\exists E_i, E_j \in E_G$，如果对用户来说，$(E_i, E_j) \in R_G$，但 $E_{i,S} \neq E_{j,S}$。那么系统 G 中，E_i 和 E_j 存在非单一信息源问题。

信息资源连通性约定说明了一个物理信息资源，不变更访问接口 φ，就可以直接接入一个已经存在的系统，表明了它可以与系统连通。相反，需要变更 φ 才能接入的信息资源对 G 来说就是信息孤岛，意味着需要专门针对该物理信息资源开发新接口才能实现与系统 G 连通，这不适合信息网格系统动态接入和动态部署的特征。

单一信息源是用户使用过程中体现出来的特征。对系统的任意两个不同的应用进行同一操作的结果如果是等价的，并且这两个应用访问的物理资源集合也一样，说明该系统满足用户需要的单一信息源特征。例如，通过两个应用都可以访问和维护通信录信息，对用户来说效果一样，如果这两个应用访问的是同一个物理信息资源(集合)，那么它们满足单一信息源，便于维护信息一致。

我们研究的连通性和单一信息源不包括语义的连通和语义的单一信息源，也不包括物理信息被网格的算法加工处理后的单一信息源问题。

本节提出了 REVP 资源空间模型，各种信息资源被统一虚拟化成关系实体进行组织和表示，可以辅助用户解决连通和单一信息源问题。

6.3　REVP 模型

REVP 模型也包括三个层次：有效关系资源层(E)、虚拟关系资源层(V)和物理关系资源层(P)。物理层的必要性是显然的，因为资源的最终使用发生在物理层。虚拟层主要解决全局一体(单一系统映像、单一信息源、互操作性、连通性)的共享问题。有效层主要解决特定的功能需求和使用问题。对比传统计算机，虚拟层类似于提供了用网格汇编语言编写程序的资源空间，而有效层则提供了使用网格高级语言编写程序的资源空间。有效层、虚拟层、物理层的实体统一表示成关系(relation)及建立在关系上的映射和引用，这样便可在各层次上实现基于关系的集合运算、关系运算操作。本节针对信息网格的应用场景和模式，对 REVP 的一些定义、公理和性质做了研究。

6.3.1　物理关系

假设讨论的信息网格为 G，G 包含 n 个节点 $N_1, N_2, \cdots, N_n$；每个节点 N_i 有若干物理关系，其集合构成了该节点的物理关系资源空间 P_i。

定义 6.3　G 的物理关系超空间 $P = \bigcup_{i=1}^{n} P_i$，即超空间 P 是 G 的所有物理关系的集合。

公理 6.1　$P_1, P_2, \cdots, P_n$ 是 P 的一个划分，即对任意 $1 \leqslant i, j \leqslant n$，$P_i \bigcap P_j = \varnothing$。

推论 6.1　设 $w = |P|$，则 $w = \sum_{i=1}^{n} |P_i|$。因此，可将网格 G 的全部物理关系记为 $P = \{p_1, p_2, \cdots, p_w\}$。

定义 6.4　二元关系 $R_k \subseteq P \times P$ 是一个物理层的同类关系，满足① R_k 是一个等价关系；②对任意一对物理关系 (p_i, p_k)，如果 p_i 与 p_j 提供等价的物理关系服务，则 $(p_i, p_j) \in P \times P, (p_i, p_j) \in R_k$。

这个定义显然是带有主观性、不严格的。根据不同的应用场景，可以给同类关系赋予不同语义和解释。但当同类关系定义的两个物理关系拥有相同的数据元组时，对于研究一个物理关系与它在多个节点上的副本间的一致性问题很有帮助。同时，假设物理关系 p_i 是 p_j 的一个拷贝，此时定义它们属于同类关系，可以采取就近访问的方式以提高性能，并且满足物理层的单一信息源。

公理 6.2　存在物理层的最大同类关系 R_P，使得对任意同类关系 R_k，有 $R_k \subseteq R_P$ 成立。

定义 6.5（物理层广义单一信息源）如果 G 的物理层最大同类关系 $R_P = \varnothing$，那么 G 满足物理层的广义单一信息源；反之，也成立。

推论 6.2　对任意 G，同类关系 R_P 是唯一的。

推论 6.3　对 G 的物理关系超空间 P，记 $P' = P / R_P$ 为 P 根据 R_P 产生的等价类集合，则 P' 的元素构成 P 的一个划分。

物理关系是以物理页（page）为单位组织和访问的，每个节点有 $0 \sim n$ 个物理页，其集合构成该节点的物理页空间。

定义 6.6　一个物理页 f 是一个三元组：$f = (f_S, f_R, \text{context})$，其中，$f_S$ 代表物理服务，f_R 表示物理关系集合，$f_R \subseteq P$，context 表示上下文隐含信息。一个物理节点 N_i 上的物理页 F_i，是由 $0 \sim m$ 个物理页构成的集合：$F_i = \bigcup_{i=1}^{m} f_i$。

定义 6.7　G 的物理页超空间 F 是 G 的所有节点上物理页的集合 $F = \bigcup_{i=1}^{n} F_i$。

定义 6.8（物理层狭义单一信息源）一个物理页 f 满足单一信息源，当且仅当：$\neg \exists p_i, p_j \in f_R, (p_i, p_j) \in R_P$，即在一个物理页内不存在任何两个物理关系属于同类关系。

公理 6.3　$F_1, F_2, \cdots, F_n$ 是 F 的一个划分，即对任意 $1 \leqslant i, j \leqslant n$，$F_i \bigcap F_j = \varnothing$。

公理 6.4　一个物理页的物理关系组织采用同样规则；不同物理页可以采用不同规则。

公理 6.3 说明了在访问信息网格的物理关系时，节点的概念是透明的，应用可以通过物理服务及参数(物理关系)定位并访问一个网格的物理资源。狭义的物理层单一信息源正好说明，对同一物理服务的不同请求(代表物理关系的参数不同)不可能得到等价的访问结果；广义的物理层单一信息源说明，信息网格的任何两个不同的请求(物理服务和物理关系不完全相同)，不可能得到等价的访问结果。

一个物理页通常由统一的所有者管理，较易制定统一的局部集中管理策略，实现狭义的单一信息源较容易。在全网格范围内，不同的物理页属于不同的所有者，自主控制的要求不一样，广义的单一信息源很难实现。同时，不同物理页内的物理关系的表示、组织，以及上下文信息都可以是异构的，如数据库类型不同，因此需要考虑互操作问题。

定义 6.9　一个关系 r(不论是物理关系、虚拟关系，还是有效关系)可定义为一个三元组 $(Z(r),Q(r),D(r))$，其中 $Z(r)$ 是 r 的记号，$Q(r)$ 是 r 的参数集，$D(r)$ 是 r 的描述集。

定义 6.9 中 (Z,Q,D) 需要根据特定需求，在具体实现时，明确规则进一步定义。

6.3.2　虚拟关系

假设信息网格 G 包含 m 个社区 C_1，C_2，$\cdots$，C_m，每个社区 C_i 中存在若干虚拟关系，其集合构成 C_i 的虚拟关系空间 V_i。

定义 6.10　G 的虚拟关系超空间 $V=\bigcup_{i=1}^{m}V_i$，即超空间 V 是 G 的所有虚拟关系的集合。

公理 6.5　$V_1,V_2,\cdots,V_m$ 是 V 的一个划分，即对任意 $1\leqslant i,j\leqslant m$，$V_i\bigcap V_j=\varnothing$。

推论 6.4　设 $u=|V|$ 及 $u_i=|V_i|$，则 $u=\sum_1^m|V_i|=\sum_1^m u_i$。因此，可将信息网格 G 的全部虚拟关系记为 $V=\{v_1,v_2,\cdots,v_u\}$，而虚拟关系空间 V_i 可记为 $V_i=\{v_{i_1},v_{i_2},\cdots,v_{i_u}\}$。

定义 6.11　设 $R\subseteq V\times V$，是建立在 V 上的引用(reference)关系，对 $\forall v_i,v_j\in V$，v_i 引用了 v_j，当且仅当：

(1) $<v_i,v_i>\notin R$；

(2) $<v_i,v_j>\in R$ 且 $<v_j,v_i>\notin R$；

(3) $\neg\exists v_j,v_1,v_2,\cdots,v_n, v_i\in V$，$<v_j,v_1>\in R$，$<v_1,v_2>\in R$，$<v_2,v_3>\in R,\cdots,<v_n,v_i>\in R$。

定义 6.12　设定集合 $B\subseteq V$，构成基本虚拟关系集合，对 $\forall v\in V$，$v\in B$ 当且仅当：$\neg\exists x\in V$，$<v,x>\in R$。

定义 6.13　记 $R_\psi(v)=\{<x,y>\mid x\in V, y\in V, x=v, y\in B$ 或 $\exists v,v_1,v_2,\cdots,x,y,\cdots,v_n\in V$，$v_n\in B$，$<v,v_1>\in R$，$<v_1,v_2>\in R,\cdots,<x,y>\in R,\cdots,<v_{n-1},v_n>\in R\}$。

定义 6.14　对虚拟关系超空间 V，存在 1 到 n 映射 $R_B:V\to B$。$R_B(v)$ 表示一个

基本虚拟关系的集合，$R_B(v) \subseteq B$，对 $\forall v \in B$，$R_B(v) = v$；$\forall v \in V$，且 $v \notin B$，$R_B(v)$ 表示虚拟关系 v 直接或间接引用的基本虚拟关系的集合。

公理 6.6　$B_1, B_2, \cdots, B_m$ 是 B 的一个划分，即对任意 $1 \leqslant i, j \leqslant m, B_i \bigcap B_j = \varnothing$。

公理 6.7　对任意基本虚拟关系空间 B_j，存在 n 到 1 映射 $M_{Z,j} : B_j \to P'$。

定义 6.15　对任意物理关系超空间的划分 P'，存在 1 到 n 映射 $M_{Z,j}^C : P' \to V$。

这里我们假设每个社区虚拟关系空间都包括一个空的基本虚拟关系，记作 null，其中，当 $\forall p$，$p \in P$，$\neg \exists v$，$v \in V_j$，$v \neq$ null，满足 $M_{Z,j}^C(p) = v$ 时，令 $M_{Z,j}^C(p) =$ null。

公理 6.8　虚拟关系超空间采用同样规则组织；不同社区可以采用不同策略。

公理 6.9　对任意基本虚拟关系空间 B_j 及公理 6.7 的映射 $M_{Z,j}$，存在相应的参数集映射 $M_{Q,j}$ 和描述集映射 $M_{D,j}$（参见定义 6.9）。即假如虚拟关系 $v \in B_j$ 映射到物理关系等价类 $c = M_{Z,j}(v)$，则存在映射：

$$M_{Q,j}(v) : Q(v) \to Q(c)$$

$$M_{D,j}(v) : D(v) \to D(c)$$

定义 6.16　二元关系 $R_V \subseteq V \times V$ 是虚拟层的同类关系，且 R_V 是一个等价关系。对任意一对基本虚拟关系，$(v_i, v_j) \in B \times B$，当且仅当 $(M_{Z,j}(v_i), M_{Z,j}(v_j)) \in R_P$ 或 $M_{Z,j}(v_i) = M_{Z,j}(v_j)$ 时，$(v_i, v_j) \in R_V$，称基本虚拟关系 v_i 与 v_j 是同类虚拟关系；对任意一对非基本虚拟关系，$(v_i, v_j) \notin B \times B$，$(v_i, v_j) \in V \times V$，记 $b_i = R_B(v_i) = (b_{i1}, b_{i2}, \cdots, b_{in})$，$b_j = R_B(v_j) = (b_{j1}, b_{j2}, \cdots, b_{jm})$，满足 $(v_i, v_j) \in R_V$ 的前提条件是 $b_i = b_j$，或将 b_i 和 b_j 的元素按照一定顺序排列时，满足 $(b_{i1}, b_{j1}) \in R_V$，$(b_{i2}, b_{j2}) \in R_V, \cdots, (b_{in}, b_{jm}) \in R_V$，且 $n=m$。

定义 6.11 说明，虚拟关系之间的相互引用实质是通过选择、投影、连接、合并等关系运算操作产生新的虚拟关系，引用的范围是整个虚拟关系超空间。引用关系满足反自反、反对称性质，不会形成循环引用。

定义 6.12 说明，存在基本的虚拟关系集合 B，其中的元素没有引用任何其他虚拟关系，B 与物理关系超空间存在 n 到 1 的映射。

定义 6.15 说明，资源提供者可以通过工具将物理关系注册成一个虚拟关系，建立物理关系到某个虚拟关系的逆映射，相当于注册和部署资源。同时，一个物理关系可以注册成 n 个虚拟关系，它们可以同属一个社区，也可以属于不同的社区。公理 6.9 说明，在使用时，是通过虚拟关系到物理关系的映射完成的，通过任意一个基本虚拟关系，只能映射到一个物理关系，同时也存在多个基本虚拟关系映射到同一物理关系的关系。

定义 6.16 说明，属于物理层同类关系的两个物理关系，映射成的两个基本虚拟关系也属于虚拟层的同类关系。通过引用操作构成的两个非基本虚拟关系，属于虚拟层的同类关系的前提条件是它们引用的两组基本虚拟关系集合相同，或者集合的元素按照一定顺序组织时两两都满足虚拟层的同类关系，而反过来不一定成立。

6.3.3　有效关系

每个社区 C_i 中存在若干有效关系，其集合构成该 C_i 的有效关系空间 E_i。

定义 6.17　G 的有效关系超空间 $E = \bigcup_{i=1}^{m} E_i$，即超空间 E 是 G 的所有有效关系的集合。

公理 6.10　$E_1, E_2, \cdots, E_n$ 是 E 的一个划分，即对任意 $1 \leqslant i, j \leqslant n$，$E_i \bigcap E_j = \varnothing$。

推论 6.5　设 $h = |E|$，则 $h = \sum_{i=1}^{m} |V_i|$。因此，可将网格 G 的全部有效关系记为 $E = \{e_1, e_2, \cdots, e_h\}$。

公理 6.11　有效关系超空间采用同样的规则组织，如采用的数据结构和模式是一样的，但不同社区可以采用不同的策略。

公理 6.12　对于任意有效关系空间 E_i，存在 1 到 n 的映射 $C_{Z,i,j} : E_i \to 2^V$。

定义 6.18　对任意有效关系超空间 V，存在映射 $C_{Z,i,j}^C : V \to E$。

这里我们假设每个社区有效关系空间都包括一个空的有效关系，记作 null，其中，当 $\forall v \in V$，$\neg \exists e$，$e \in E$，$e \neq \text{null}$，满足 $C_{Z,i,j}^C(v) = e$ 时，令 $C_{Z,i,j}^C(v) = \text{null}$。

公理 6.12 说明，任何有效关系 e 映射到整个虚拟关系超空间 V 的一个子集。事实上，这是一个无序子集，但我们通过统一下标排序，可以将无序集合 $\{v_1, v_2, \cdots, v_k\}$ 等同于有序集合 $(v_1, v_2, \cdots, v_k)$。

定义 6.19　二元关系 $R_E \subseteq E \times E$ 是一个有效层的同类关系，且 R_E 是一个等价关系，对任意一对有效关系 $(e_i, e_j) \in E \times E$，记 $v_i = C_{Z,i,j}(e_i) = (v_{i1}, v_{i2}, \cdots, v_{in})$，$v_j = C_{Z,i,j}(e_j) = (v_{j1}, v_{j2}, \cdots, v_{jm})$，$(e_i, e_j) \in R_E$ 前提条件：$v_i = v_j$，或者将 v_i 和 v_j 按照一定顺序排列时，$(v_{i1}, v_{j1}) \in R_V$，$(v_{i2}, v_{j2}) \in R_V, \cdots, (v_{in}, v_{jm}) \in R_V$，且 $n = m$。

公理 6.13　对任意有效关系空间 E_i 以及公理 6.12 的映射 $C_{Z,i,j}$，存在相应的参数集映射 $C_{Q,i,j}$ 和描述集映射 $C_{D,i,j}$，即假如有效关系 e 映射到有序集合 $W = (v_1, v_2, \cdots, v_k)$，则存在映射：

$$C_{Q,i,j}(e) : Q(e) \to Q(W)$$

$$C_{D,i,j}(e) : D(e) \to D(W)$$

公理 6.10～6.12 说明，任何有效关系的范围是一个社区，但一个有效关系可以映射到其他社区的一个或多个虚拟关系，即一个有效关系与它映射的虚拟关系可以不属于同一个社区。用户可以基于整个虚拟关系超空间来构建有效关系。有效关系体现用户的自主需求，具有好用性和自主控制的特点。

6.3.4　REVP 特点

REVP 模型为信息网格系统分布、异构的客体资源的组织、表示、管理、命名、定位提供了一种方法。REVP 模型满足 EVP 模型的基本性质和特点，但 REVP 模型主要针对信息网格应用场景，因此，具有下列特点(图 6-1 是 REVP 模型及映射的示意图)：

(1)三层资源都统一表示成关系(relation)，可以在关系上作集合和关系运算操作。

(2)在虚拟层内部存在反自反、反对称性、传递性的引用关系，通过合、并、差，以及选择(selection)、投影(project)、接连(join)操作产生新的虚拟关系。

(3)基本虚拟关系只能直接映射到一个物理关系上，而非基本虚拟关系可以间接地映射到多个物理关系上。

(4)从虚拟层到物理层是 n 到 1 映射，不存在 EVP 的选择映射 S，即多个基本虚拟关系可以映射到一个物理关系上。

(5)一个有效关系可以映射到整个虚拟关系超空间上。

(6)物理层、虚拟层、有效层分别存在同类关系 R_P、R_V、R_E。

(7)上一层的两个同类关系映射到下一层的关系集合要么相同，要么集合的元素按照一定顺序组织时两两属于同类关系。

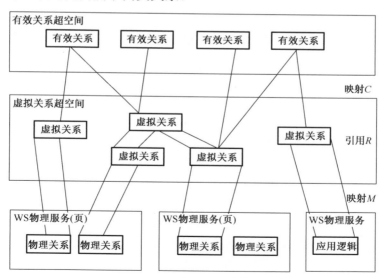

图 6-1　REVP 三层资源空间模型

6.4　社　　区

社区(community)是织女星信息网格的一个重要概念，是 REVP 资源模型以及虚拟信息总线的一个重要组织单元，也是体系结构中的一个重要实现部件。它在 REVP 模型中，是有效关系、虚拟关系，以及用户主体的一种命名和组织模式。

社区原理是解决网格动态、开放、无序问题的一种方法。这个原理的根据是下述两个假设。

(1)有限假设：每个用户只需要使用很小一部分网格资源。在特定时刻，用户的需求是闭合的。所有用户在所有时间的资源需求可以是无限、开放的，但一个用户在一个时刻(或时段)的资源需求是有限、闭合的。

(2)冰山假设：有序、有界、持续(persistent)的群体具有大量隐藏能量，从而带来群体的简单集合所没有的放大效应。

信息网格中，社区概念的提出是为了解决下列三个技术问题。

(1)如何命名和定位。信息网格的有效关系、虚拟关系、用户主体体现量大、动态的特点，全局一体的地址分配和管理较困难，同时可能妨碍局部的自主性。为了充分利用局部性原理，将整个资源空间进行划分，并可采取二级命名和定位的机制。

(2)全局一体化。信息网格没有集中的中心控制点进行资源地址管理和分配，但在局部范围是实现集中的地址分配和管理的。社区是实现局部集中和全局一体化的一种重要技术手段。

(3)共享和自主控制。社区将信息网格的共性策略和局部的自主控制结合起来，社区内可以自定义本社区主体和客体共享的策略和隐含的上下文，而社区间可以共享通用的策略机制。

织女星信息网格社区是与用户群体密切相关的概念，信息网格的社区也主要体现以用户群体为中心的思路。

定义 6.20　社区是一个四元组：C = (S, O, C, P)，其中 S 是主体(subject，如用户)集合，O 是客体(object，如资源、服务)集合，C 与 P 是社区共享的上下文(context)与策略(policy)的集合。

上下文与策略表示主体和客体的关系，以及相关的过程。每个社区的策略和上下文都不能有歧义，也不能有矛盾。策略是有意的、显示的选择性的操作或者函数，而上下文是自然的、隐式的数据或者参数。同样的社区在上下文不变的情况下，可以动态地采取不同的策略，导致使用结果不一样。例如，资源和角色不变的情况下，变更资源的授权策略[1]，可以导致用户的访问控制结果不一样。策略也可以看成是广义的上下文，将它们分开主要是尽量保持设计中正交的原则。

公理 **6.14**（网格惯性定律）网格的主体、客体和社区概念保持稳定（不变），直到某个外因（通常是主体）通过特定的方式改变它。

公理 **6.15**　除了在最低级的层面（物理层）之外，社区是不可或缺的、用户可见的基本概念。

公理 **6.16**　社区是持续的（persistent）实体。

社区必须保存在持续存储当中。这也就是说，社区更像文件系统，而不像 MPI 的通信字（communicator）。

公理 **6.17**　网格具有唯一的社区集合。

每一个社区在全网格范围内具有唯一的标识。

公理 **6.18**（个别社区惯性定律）一个社区具有稳定性和动态性。

社区保持稳定（不变），直到某个主体通过特定的方式改变它。改变的内容涉及社区的内部特征，包括改变社区的四个要素（主体、客体、上下文、策略）的操作。这些操作都是原子性的，并满足社区的一致性。

公理 **6.19**（网格社区惯性定律）网格的社区集合具有稳定性和动态性。

这就好像一个文件系统，社区集合保持稳定（不变），直到某个主体通过特定的方式改变它，改变的内容包括创建、合并、拆分社区等。

6.5　信　息　总　线

前面研究信息网格资源空间模型的核心问题就是解决分布、异构信息资源的接入和连通，消除孤岛，实现单一映像的资源空间。参照计算机系统的概念，我们将资源空间统一抽象成信息网格的信息总线。实现这个假设：一个信息网格只有一个信息总线，通过该信息总线，可以接入、命名、定位和访问信息网格的任何主体和客体。本小节初步探讨信息总线的一些性质和特点。

6.5.1　命名和表示

织女星信息网格在物理层以上的主体和客体都采取两级的命名体系，一级是社区的命名，二级是社区内实体的命名。这里主要说明主体和客体在系统内部的命名和表示机制，而直接与用户和语义相关的外部命名机制不在这里讨论。

6.5.2　物理地址命名

物理地址命名中引入物理地址单元的概念，一个物理地址单元表示成：Physical Address Unit：PAU=(service, relation) 表示。其中 service 表示物理服务，而 relation 表示物理关系。

6.5.3　逻辑地址命名

物理地址的上层就是逻辑地址，逻辑地址对用户和上层应用来说体现为：整齐、有规律、好识别、一致性等特点。逻辑地址包括有效关系地址空间和虚拟关系地址空间。社区地址空间是逻辑地址的一级命名空间。

虚拟地址单元(virtual address unit，VAU)=(cid, vid)表示，其中 vid 表示虚拟关系在社区 cid 地址空间中的标号。

有效地址单元(effective address unit，EAU)=(cid, eid)表示，其中 eid 表示有效关系在社区 cid 地址空间中的标号。

主体地址单元(subject address unit，SAU)=(cid, sid)表示，其中 sid 表示主体在社区 cid 地址空间中的标号。

社区地址单元(community address unit，CAU)=(cid)表示，其中 cid 是社区在全网格地址单元的唯一标号。一个 CAU 是信息网格集中控制和管理的最大地址单元。

一个社区地址单元实际上是逻辑地址单元的集合，社区逻辑地址空间具有静态和运行两种划分和形态。社区静态地址单元集合 CAU={{EAU},{VAU},{SAU}}。

6.5.4　信息总线

定义 6.21　信息总线 I = {{CAU}，F}，即信息总线是全网格社区逻辑地址空间和物理页超空间的集合，F={PAU}。

约定 6.3　I 中所有{CAU}构成的地址空间满足单一系统映像。

公理 6.20　信息总线{CAU}部分的使用用户是：最终用户、管理员、开发人员；F 部分的使用用户是资源提供者。

公理 6.21　任何信息网格的主体和客体占用一个唯一的信息总线地址单元。

公理 6.22　信息总线具有静态持续(persistent)结构和运行时总线两种形态。

公理 6.23　信息总线具有稳定性和动态扩展性，对一个特定的信息网格，信息总线的最大容量是固定的。

一个虚拟的信息网格总线结构如图 6.2 所示，连接到信息总线的实体可以通过信息总线与其他实体进行交互。这包含两方面的含义：①连接到信息总线的实体具有统一的抽象结构(如关系)和通信协议(如 Web Service 和 SOAP)；②客体不仅可以被主体使用，客体间可以相互访问，客体还可以访问主体和其他运行体的信息。虚拟的信息总线有助于实现单一系统映像、方便资源连通。

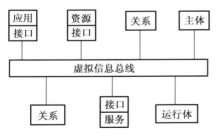

图 6-2　信息网格虚拟信息总线示意图

6.6　REVP 模型性质讨论

本小节就前面提出的应用需求问题，讨论和分析基于 REVP 模型和信息总线，如何解决和评判分布、异构信息资源的连通性、资源空间的单一信息源以及单一系统映像问题。根据 ERVP 模型和信息总线的定义，将约定 6.2 中的 G 看成信息网格系统 G，E_G 看成 E，S_G 看成 P，可以得到针对 REVP 资源空间的下列结论。

定理 6.1（连通性）在 REVP 模型中，实现信息资源 s 与信息网格系统 G 连通的充分必要条件是：对任意信息资源 s，存在一个接口 F，$F(s)$ 将 s 转化成物理关系 p，且 $p \in P = S_G$，P 是 G 的物理关系超空间。

证明：（充分条件）根据定义 6.18 和定义 6.15，可以构建一个非 null 的有效关系 $e \in E = E_G$ 和一个基本虚拟关系 v，通过 $C_{Z,i,j}^C$ 和 $M_{Z,j}^C$ 与一物理关系 p 建立映射，由 $e = C_{Z,i,j}^C(v)$，$v = M_{Z,j}^C(p)$ 得出，$e = C_{Z,i,j}^C(M_{Z,j}^C(p))$，记 $e = \varphi(p)$，其中，φ 是系统 G 通用的映射关系 $C_{Z,i,j}^C$ 和 $M_{Z,j}^C$ 构成的复合映射，且 $p \in P = S_G$ 成立，由约定 6.1 可知，s 与 G 是连通的。

（必要条件）反正法，假设 s 与 G 连通，但不存在 F 将 s 转换成物理关系 p，或者 $p \in P$ 不成立，此时必有 $s \in P$ 也不成立，由约定 6.1 可知，此时 s 与 G 也一定不连通，与假设矛盾。

定理 6.2（单一信息源）在 REVP 模型中，对信息网格系统 G 中的任意两个非空有效关系 e_i 和 e_j，$(e_i, e_j) \in R_E$，单一信息源的充分必要条件是：$M_{Z,j}(R_B(C_{Z,i,j}(e_i))) = M_{Z,j}(R_B(C_{Z,i,j}(e_j)))$。

证明：（充分条件）根据约定 6.2，非空有效关系 e_i，$e_j \in E = E_G$，根据公理 6.7 和公理 6.12，$e_{i,S} = M_{Z,j}(R_B(C_{Z,i,j}(e_i)))$；$e_{j,S} = M_{Z,j}(R_B(C_{Z,i,j}(e_j)))$ 分别表示 e_i，e_j 访问的物理关系集合。当 $M_{Z,j}(R_B(C_{Z,i,j}(e_i))) = M_{Z,j}(R_B(C_{Z,i,j}(e_j)))$ 时，$e_{i,S} = e_{j,S}$，那么 e_i 和 e_j 满足单一信息源。

（必要条件）反证法，略。

不失一般性，可以将约定 6.2 中的 E 看成是 REVP 模型中的虚拟关系 V，下面的推论有助于实现和判定系统的单一信息源特性。

推论 6.6　信息网格系统 G 满足单一信息源的充分必要条件是：$M_{Z,j}$ 确定的 V 到 P 的映射满足单一信息源。

证明：（充分条件）设任意非空 e_i 和 e_j 是 G 的两个有效关系，$v_i = \{v_{i1}, v_{i2}, \cdots, v_{in}\}$ 和 $v_j = \{v_{j1}, v_{j2}, \cdots, v_{jm}\}$ 分别由映射 $C_{Z,i,j}(e_i)$ 和 $C_{Z,i,j}(e_j)$ 确定的虚拟关系集合。如果 e_i 和 e_j 是有效层同类关系，$(e_i, e_j) \in R_E$，又假设 $v_i \neq v_j$，那么 $n = m$，且对于 $x \in v_i$ 和 $y \in v_j$ 的每一个按一定顺序的元素对 $(x, y) \in R_V$ 成立（见定义 6.19）。不失一般性，这里只考

虑一个 (x, y) 对。由定义 6.16 可得，$b_i=(b_{i1},b_{i2},\cdots,b_{in})=R_B(x)$，$b_j=(b_{j1},b_{j2},\cdots,b_{jm})=R_B(y)$，假设 $b_i \neq b_j$，那么 $n=m$，并分别满足：$(b_{i1}, b_{j1}) \in R_V$，$(b_{i2}, b_{j2}) \in R_V$，$\cdots$，$(b_{in}, b_{jm}) \in R_V$，由于 $M_{Z,j}$ 确定的虚拟关系到物理关系的映射满足单一信息源，即 $p_i=(p_{i1},p_{i2},\cdots,p_{in})=(M_{Z,j}(b_{i1}), \ M_{Z,j}(b_{i2}),\cdots,M_{Z,j}(b_{in}))$ 与 $p_j=(p_{j1},p_{j2},\cdots,p_{jm})=(M_{Z,j}(b_{j1}),M_{Z,j}(b_{j2}),\cdots,M_{Z,j}(b_{jm}))$ 是同一物理关系集合，即 $p_i=p_j$，也即 e_i 与 e_j 满足单一信息源。由一般性可得系统 G 满足单一信息源。

（必要条件）反证法，已知 G 满足单一信息源，假设此时 $M_{Z,j}$ 确定的 V 到 P 的映射不满足单一信息源，意味着可以构建或 $\exists v_i, v_j \in B$，$(v_i, v_j) \in R_V$，记 $p_i=M_{Z,j}(v_i)$，$p_j=M_{Z,j}(v_j)$，满足 $(p_i, p_j) \in R_P$（定义 6.16），但 $p_i \neq p_j$。由约定 6.2 知，此时 G 一定不是单一信息源系统，与前提矛盾。

推论 6.7　对于任意两个基本虚拟关系 v_i，$v_j \in B$，如果 $(v_i, v_j) \in R_V$，$M_{Z,j}(v_i)=M_{Z,j}(v_j)$，那么信息网格系统 G 满足单一信息源。

性质 6.1（单一系统映像性质）如果 $\forall p \in P$，$M_{Z,j}^C(p) \neq$ null 时，信息网格系统 G 满足单一系统映像。

证明：根据约定 6.3，G 在虚拟层和有效层呈现单一映像，当在虚拟层能映射全部物理关系时，系统 G 自然满足全部空间的单一系统映像。

这些定理和性质从比较精确的角度回答了 REVP 模型如何解决本书研究的一些主要问题，有利于指导基于 REVP 模型的信息网格系统软件的设计，并且可以检验是否达到了设计和应用的需求。下面进一步讨论如何应用这些性质、定理及特点。

连通性定理说明，任何信息资源只有首先通过接口封装，抽象成可以用物理关系表示的对象，并接入信息网格的物理关系空间（如将物理关系的部分 schema 信息注册到网格的某个物理页，使其能访问），便与信息网格互连通，消除了该信息孤岛。通过 REVP 内部的映射关系，用户便可以定位和访问该信息资源。其中，传统的 legacy 应用可以封装成 Web Service，其结果同样可以抽象成关系。建立物理关系到虚拟关系映射的工作往往由资源提供者通过信息网格提供的工具来完成，而针对特定资源的封装需要资源提供者编码来实现。

根据定义 6.16 和定义 6.19，REVP 模型在有效层或虚拟层满足同类关系的必要条件是映射到下一层的关系属于同类关系或相等关系。结合推论 6.6，当虚拟空间 V 不存在两个或以上的基本虚拟关系，通过 $M_{Z,j}$ 同时映射到物理层的最大同类关系集合 R_P 中的两个或以上元素时，信息网格系统满足单一信息源特征。因此，REVP 不仅能支持在一定条件下达到信息资源的集成和连通，同时可以帮助管理员或资源提供者，控制虚拟关系到物理关系的映射，确保信息网格系统满足单一信息源的性质和需求，这些可以对最终用户完全透明。

　　在 REVP 模型中，物理层的异构性、独立性和自主的特点，导致在物理层直接实现广义的单一信息源是很难的，而在虚拟层可以为实现单一信息源提供保证（推论6.7）。物理层为提高性能，可以在多个节点上存放某个物理关系的副本[2]，这样单一信息源的需求只能在虚拟层通过映射和协调的机制来保证，如 EVP 模型中从虚拟层到物理层的选择映射 S 便是一种方法。

　　单一信息源并不一定要限制在全网格的范围内，相反，由于社区的自主性和动态性，保持全网格范围的单一信息源不太现实，用户往往需要在一定程度、一定范围内满足这种需求。在 REVP 模型中每一个层次上都可以支持这类业务需要，方法很多也相对复杂一些。在每一层需求不同，定义和范围不同，体现的效果也不同，达到的业务目标也不一样（表 6-1）。

表 6-1　REVP 模型各层次的单一信息源特征

层	定义范围	问题及需求	特点
有效层	用户空间	容易实现	用户不会看见冗余信息，单一用户空间
	社区空间	较容易实现	减少元数据冗余，单一社区空间
	整个空间	难于实现	可能限制用户自主使用和控制
虚拟层	广义：整个空间	分散管理，难于控制和实现	整个空间 $M_{z,j}$ 映射满足单一信息源，不会有信息冗余和不一致
	狭义：社区空间	局部集中管理，容易实现和控制	社区内方便建立和管理统一的映射，不易引起元信息冗余和不一致
物理层	广义：整个空间	由于整个空间的异构性，组织不一样，在松耦合自主环境，不易实现	对上层来说，一个物理数据源只在一个地方存在，很容易保持数据一致性
	狭义：物理页	组织结构和策略可以一样，易于人为控制实现	解决局部的异构和一致性，并满足自主需要

　　一方面，物理层是最终用户直接看不见的，也控制不了的，只有在虚拟层之上，用户才能使用整个资源空间（包括多个社区），单一信息源才对用户使用有实际意义。另一方面，有效层主要是与特定用户需求相关的有效关系，单一信息源与用户个性需求密切相关，全局的单一信息源很难实现，也会限制用户使用。

　　单一系统映像性质说明了只有在 REVP 模型的 V 和 E 两层才能呈现信息网格完整的单一资源空间，而连通到资源空间的物理关系，只有通过提供者或者管理员映射到 V 或 E 才能被用户访问。这样用户可基于 V、E 两层的地址空间编写应用程序，应用程序不直接与物理资源绑定，实现应用与资源的松耦合。

6.7　REVP 模型应用

　　REVP 模型提供了一种虚拟化信息资源的方法，这种虚拟化隐藏了物理资源的复杂特性，对基于 REVP 模型的应用开发、管理、使用带来明显的优点和特点（表 6-2、表 6-3）。

表 6-2　　REVP 三个层次的特点

层次	单一系统映像	单一信息源空间	每个层次的资源空间数	每个空间大小	多道程序支持	好用性
有效层	网格	用户空间	每社区 1 个	小，巨大	SUMR	强
虚拟层	网格	网格空间	每社区 1 个	小~中，巨大	MUMR	中
物理层	物理页	物理页空间	每物理页 1 个	小~中，巨大	MUMR	弱

表 6-3　　REVP 三个层次使用特性

层次	开发者	使用者	共享性	资源组合	上下文
有效层	最终用户	最终用户	弱共享	弱组合	强
虚拟层	管理员、提供者	管理员、提供者	强共享	强组合	较强
物理层	技术人员	技术人员	弱共享	不考虑	弱

　　物理层只能在一个物理页内提供单一的系统映像，而虚拟层和有效层能够通过信息总线提供全网格的单一系统映像。物理页的资源组织可以是异构的，但只有资源提供者才能看到；任何应用服务或使用用户看到的，是虚拟层与有效层同构的资源组织。

　　有效关系空间的应用是最终用户的应用。有效关系空间采用单用户多资源（single user multiple resource，SUMR）的模式，每个应用只有一个用户，它可以同时使用多个有效关系。一个应用程序可有多个实例，我们把它们看成是多个应用（图 6-3）。因此，每个有效关系也只有一个用户。虚拟关系空间层的直接用户实际上是有效关系。虚拟关系空间支持多用户多资源（multiple user multiple resource，MUMR），即多个用户（有效关系）可以同时访问一个虚拟关系，而一个用户（有效关系）也可以同时使用多个虚拟关系。当然，多个用户可以同时访问多个虚拟关系。同理，物理关系空间层的直接用户实际上是虚拟关系。物理关系空间支持多用户多资源模式，即多个用户（虚拟关系）可以同时访问一个物理关系，一个用户（虚拟关系）也可以同时访问多个物理关系。图 6-3 中 C_1 最右边的虚拟关系通过访问两个物理关系，经过连接（join）操作为有效关系服务。MUMR 模式允许冲突，即多个用户同时访问同一个关系，因此系统必须提供相应冲突定义（如资源的原子性或交错语义等）和解决机制。

　　传统计算机中，虚拟地址空间一大好处是扩充物理主存空间。在网格计算中，我们可能需要反其道而行之。一个网格（尤其是全球大网格）上的物理资源是非常多的，而一个用户只希望看到他所需要的那一小部分资源。因此，我们需要有效关系空间与虚拟关系空间具有这样的性质：它们既能够访问全网格的任何物理关系（单一系统映像），同时又比物理关系超空间 P 小很多。REVP 模型正好具有这个性质。物理关系尽管很多，但并不都会被每个用户的应用使用。例如，图 6-3 中，物理页 1 有两个物理关系没有被任何 C 的虚拟关系所用；也有一个虚拟关系没有被任何应用所用。

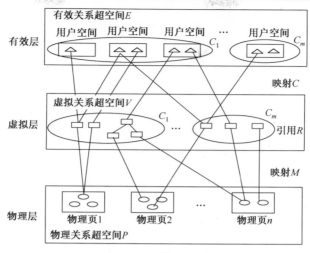

图 6-3　REVP 模型应用模式

6.8　REVP 模型实现

织女星信息网格平台软件实现了 REVP 模型。这里主要讨论实现 REVP 的映射转化机制及数据通路。

图 6-4 中，信息总线上的 e 是使用用户基于虚拟关系开发的一个有效关系。通过有效层到虚拟层的映射，映射成其访问的虚拟关系 v。该虚拟关系引用了两个社区 C_1 和 C_2 内的基本虚拟关系 v_1 和 v_2，每个基本虚拟关系通过与物理层的映射，映射成两个物理页内的物理关系。每个节点由两个物理页构成。

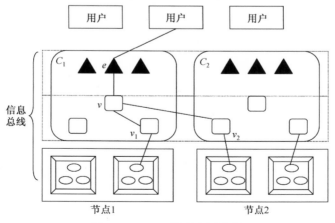

图 6-4　REVP 模型应用实例

　　以用户访问有效关系 e 为例，图 6-5 描述了各层地址空间之间的映射转换实现方法和数据通路。

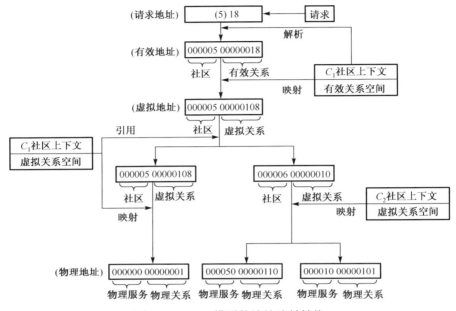

图 6-5　REVP 模型的地址映射转换

参 考 文 献

[1] Li X L, Xu Z W, Liu X W. Community-based model and access control for information grid. IEEE/WIC, International Conference on Web Intelligence, Halifax, Canada, 2003.

[2] 张纲, 李晓林, 游赣梅, 等. 基于角色的信息网格访问控制研究. 计算机研究与发展, 2002, 39(8): 952-957.

第二篇 网格监控

第 7 章

网格监控概述

网格监控是网格功能的重要组成部分，是保证网格系统正常运行和实现网格优化的关键所在。本章试图对网格监控的需求、面临的挑战、模型，以及发展现状等做一个概括而又全面的介绍。

7.1 网格资源管理概述

网格是一类特殊的并行和分布式系统，它将地理上分布的自治资源根据它们的可用性、处理能力、性能、成本和用户的服务质量需求，在动态变化的多个虚拟组织之间进行共享和问题的协同解决[1]。不同于一般传统的分布式计算，网格计算着重于大规模的资源共享和创新应用，网格概念的创始人之一 Ian Foster 提出了判断网格的三个标准[2]，描述了网格系统的特点：①在非集中控制的环境中协同使用资源；②使用标准、开放、通用的协议和接口；③提供非平凡的服务。在我们看来，网格所解决的问题有三个特征。

(1) 资源的异构性。网格中可以用来共享的资源有着极其广泛的类型，包括网络资源、计算资源、存储资源、数据资源等。同一种资源也往往有着不同的表现形式和实现方式，如作业系统的 PBS 和 LSF，传输协议 FTP 和 HTTP 等。类别不同的资源通过网格进行互联，网格解决了它们之间的通信和互操作问题。

(2) 管理的自治性。网格的资源往往来自不同的物理单位和组织，各个单位和组织的对于自己的资源大都存在着特定的策略，这就要求网格在进行资源整合的同时，尽量保留这种管理上的自治性。

(3) 行为的动态性。虽然相比于现在比较流行的 P2P 系统，网格系统一般来说稳定得多，但是网格毕竟是在一个广域网环境下的大规模、分布式系统，所以动态性是不可避免的。

所有的计算环境都需要一定级别的系统管理，网格系统也不例外。由于网格系统不仅带来了资源数目和类型的增加，而且涉及多个管理域，具有上述的异构、自治和动态等特性，因而与传统的计算环境相比，其管理任务的复杂度更大，面临的挑战更多。

网格系统管理的核心就是网格资源管理，它被定义为对网格资源进行监测、控制、维护并对其内部和外部状态的变化做出适当反应的过程[3]。所谓的网格资源就是网格系统中可管理的物理和逻辑实体[4]，其中物理实体即我们通常意义上所指的硬件资源，如硬盘、交换机、计算节点等，逻辑实体则指的是逻辑上存在于网格系统运行过程中的服务、作业、文件系统等。网格资源管理涵盖了针对不同网格资源的各种管理行为，其中部分典型的形式列举如下[3]：

(1) 资源预留、代理和调度；

(2) 服务的安装、部署和提供；

(3) 服务、资源的聚合；

(4) 虚拟组织的管理；

(5) 安全管理；

(6) 系统监测(性能、有效性等)；

(7) 功能组件(服务)的控制；

(8) 故障定位与管理。

7.2　需 求 分 析

在网格技术中，监控系统是一个重要组成部分。网格技术把分散的资源连接起来，为用户提供服务。而在提供服务之前首先需要获取网格资源的状况。资源的负载高低、资源的软硬件条件、资源所能提供的计算能力大小等都是网格服务运行的前提条件。用户通过网格门户(grid portal)提交自己的任务以后，网格服务需要知道哪些资源拥有对应的软件资源，能够接收用户的任务。用户关心自己的任务运行状态。资源提供者关心资源的利用率，希望找出性能瓶颈所在。

网格监控系统可以帮助调度服务找到最合适的服务，可以为用户提供自己服务的状态信息，可以帮助资源管理者分析系统性能、发现问题、排除故障、合理配置资源；为网格中的其他服务提供需要的信息。网格监控系统可以发出预警，提高网格系统的稳定性。完整的网格监控系统应该具备下面几方面的功能：

(1) 获取资源基础的软硬件信息、CPU 数目、CPU 速度、内存大小、存储能力大小、操作系统类型等。

(2) 获取资源的实时负载。例如，CPU 利用率、内存利用率等，为网格调度服务提供依据。

(3) 获取网格任务状态。用户提交任务以后，跟踪监控网格任务。在任务结束以后，计算任务对资源的消耗。

(4) 存储数据。网格监控系统应该具有保存历史数据的功能，为以后的性能分析、数据挖掘等提供支持。

（5）网格域的信息。为了方便网格的管理，一般会把网格资源按照域组织起来。网格域并不一定按照地理划分，而是一个抽象的概念。网格监控系统需要记录域内用户、用户组信息，及域内资源信息。这是网格监控系统和机群监控系统的一个重要区别。

（6）资源的控制。网格监控系统不仅要采集资源的状态信息，还需要提供一些资源的控制功能。监控系统不仅仅读取资源的状态信息，而且提供途径对资源的状态进行干预。控制功能一般需要结合资源特性做对应开发。

除了上述功能之外，人们对于网格监控系统通常还有如下一些要求：

（1）可扩展性：网格监控系统既可以部署在校园局域网上，也可以建立在大型网格系统上，既要能监控有多个节点的机群，也能监控独立的大型计算机。因此，网格监控系统需要随着网络规模的变化而扩展，允许资源的动态加入或退出而不影响整个系统。

（2）灵活性：由于环境的多样与需求的变化，从一开始就确定逻辑结构并将所有最终实现包含进去是不现实的。所以需要实现一个灵活的系统，在系统的模型、协议和实现内，用户有充分的自由依据实际情况部署这个系统，并可以进行扩展。

（3）可维护性：管理员可以容易的部署、配置、检查和管理监控系统，由于网格系统的巨大规模，可维护性对系统的可用性至关重要。一方面需要好的用户接口，另一方面系统内部应引出智能化的设计，自动完成一些事情，减少用户的直接干预。

（4）高性能：强调监控系统对被监控系统的资源占用小，这些资源包括系统资源和网络资源，这样才能获得比较准确的结果，同时，只有这样的监控系统才是实用的；响应操作的反映事件端，监控系统应该能在尽可能短的事件内反映出网格中的故障。

（5）可用性：包含两个方面，即提供的功能数目与数据准确性。但它与资源占用低的要求矛盾，因此需要根据实际情况进行权衡。这两个方面都需要占用系统资源，因此在两者之间，应相互权衡，这点与用户需求关系密切。

（6）健壮性：监控系统自身不能给被监控的系统带来新的安全隐患。另外，系统要具有一定的自动适应复杂环境和处理意外事件的能力，尽量减少人工干预。这里不仅包括监控系统自身的健壮性，而且包括被监控系统的健壮性。

（7）安全性：网格把分布在多个地理位置上的资源连接起来，网格监控就会跨越多个地理域。各个资源的安全管理策略是不同的，监控信息只能由授权用户访问，尤其是提供了管理功能的资源，更需要考虑安全认证功能。

7.3　技　术　难　点

由于网格的异构性，资源分散广，动态变化大，开发网格监控系统面临着一些难题：

（1）网格资源的多样性：网格的发展将包含硬件、软件和外部设备等多类型的资源，它们不仅种类繁多，而且不同资源间有复杂的逻辑关系，如何对这些资源建模、组织、访问需要研究。

（2）被监测资源数量巨大：网格系统将走向联合，形成全球规模的大系统，如此众多的资源无法被放到一个平面内进行统一管理，结构化的方法成为必需。通过结构化的方法，可以进行资源的划分，从而实现分而治之。但对大量资源的划分和组织是复杂的，涉及的因素有地理位置、拓扑结构、资源类型、资源间关系、用户需求等。下面的特征有助于这个问题的部分解决。

（3）被监测资源具有内在逻辑结构：目前的局域网和因特网基本是任意互连结构，其中的资源缺少内在逻辑结构的描述与限定。网格虽然也不限定特定结构，但在现实应用中，会体现出与其功能分布、数据流图等特征对应的逻辑拓扑结构，从子结构可以复合出复杂的结构。对于这种情况可以采取划分子结构的方法，以有助于资源的组织与管理。这个特点尽管提供了一些帮助，但对这样的拓扑结构进行描述，其自身就是比较复杂的事情。

（4）被监测资源的动态性：不仅被监测资源有不断变化的性能数据，而且被监测资源自身（元数据）也处于不断变化中，如操作系统中的新进程不断生成，同时，运行结束的进程不断消失。这两种动态变化的数据是分别处于两个层次上的，性能数据要依附于元数据，那么对于监控系统，必须探求对有关联的数据进行管理的有效方法。

（5）监控系统自身的负载：一方面，监控系统需要对被监控的资源进行测量，难免会影响资源的运行，但它也希望能获得被监控的资源较少受到外界干扰情况下的性能数据；另一方面，被监控系统自身也不希望受到外界的影响，这不仅仅因为会影响其性能，而且因为这样的影响有可能最终对系统造成巨大影响，以至于完全改变系统原有的运行。如何尽可能地减少对资源的干扰，是一个要解决的问题。

7.4　监控模型

不同应用背景的网格系统有着不同的工程侧重点，因此系统中待监控的对象、采用的监控框架和手段也很不一样。就体系结构的角度而言，目前网格领域中已经有闭环、层次、生产者/消费者、基于资源自主逻辑的监控等诸多模型。

7.4.1　闭环模型

闭环结构的典型代表有 CODE、Autopilot 等，其特点在于资源监测和控制相结合，将由监测组件（称为 sensor）收集的状态数据进行分析处理，然后通过执行组件（称为 actuator）来调整或控制相关资源的行为，而这又将影响到资源的后继工作状态

——这种反馈机制是实现动态、智能的实时监控不可缺少的。然而,通常情况下资源的状态信息具有特殊的时效性(有效期短),过了一定的期限后采集的数据就不能正确反映资源的当前状态,也就失去了实际意义,故采用闭环结构的系统须具备监控事件的快速同步处理能力,这无疑对相关的组成元素,尤其是传输监控事件的网络和分析判断组件,提出了更高的性能要求。因此,在网格异构资源分布的广域网络环境中,闭环模型的局限性很大。另外,关于闭环模型的还没有较为一致的标准,意味着其不同的实现之间的互操作性不理想。

7.4.2　层次模型

在层次模型中,底层服务/资源通过向某个索引服务注册可以为外界发现;索引服务之间亦可相互注册索引;底层服务/资源的状态变化也可以反映到索引服务中,由索引服务向外公布底层的变化。层次模型中各模块功能明确,且已经有统一的标准(如 OGSI、WSRF 等),容易实现互操作,因此在当今的网格实践中被广泛采用,但是在监控领域则主要针对变化频率相对缓慢的信息(如部署在节点上的服务信息),而对于 CPU_LOAD 等变化频率很高且事件数量很大的信息来说,其效率和性能有待验证。采用层次模型的典型代表是 Globus Toolkit 中的 MDS(monitoring and discovery service)[5],即监控与发现服务,后面我们会对其做进一步的详细介绍。

7.4.3　生产者/消费者模型

为了更好地支持用户所要的功能同时加强网格资源间的互操作性,全球网格论坛 GGF(Global Grid Forum)发布了网格监控体系结构(grid monitoring architecture,GMA)草案[6]。GMA 采用经典的生产者/消费者模型,提供了一个有关网格资源监控的基本框架,为网格监控定义了基本的概念和流程。

与网格监控相关的基本概念包括实体(entity)、事件(event)、事件类型(event type)、事件模板(event schema 或 schema)和传感器(sensor),它们的描述如下。

实体:具有相当的生命周期和通用价值的、由网络连接的资源。

事件:与实体相关并由特定数据结构表达的具有时间戳和类型的数据集合。

事件类型:事件数据结构的唯一标识符。

事件模板:全部事件类型和相关语义的定义。

传感器:监控实体并生成事件的进程,分为被动与主动两类,前者从操作系统中获取现有测量数据,后者适用自定义标准测量数据。

基于上述概念,一个典型的监控进程至少涉及以下 4 个方面的工作[7]:

(1)事件生成:传感器查询实体并将测量数据根据事件模板编码封装。

(2)事件处理:由应用程序的需求决定,可能发生在监控进程的任一阶段。

(3)事件分发:事件从数据源到对事件感兴趣的组织传输。

（4）事件展现：更为深入的事件处理，为终端用户提供一系列监控事件的抽象，从而便于做出分析结论。

GMA 模型的基本模块如图 7-1 所示，它包含了三种类型的组件：生产者（producer，产生性能数据）、消费者（consumer，接收使用性能数据）、目录服务或注册表（directory service 或 registry，支持信息发布和发现）。生产者将其资源类型、入口位置、对外提供的监控数据的结构等信息向目录服务注册；消费者能在目录服务中查询满足自己需求的生产者信息，并根据生产者注册时提供的位置信息对其进行定位，然后消费者直接跟生产者联系，获取性能数据。消费者也可向目录服务注册，以便于在以后有新的符合其需求的生产者注册时，及时获取目录服务的通知，也可以满足生产者主动获取消费者信息的需求（subscription/notification，订阅/通知机制）。

除了上述组件之外，GMA 还定义了一种如图 7-2 所示的既是消费者又是生产者的复合类型组件（intermediary），复合类型组件亦被称为再发布者（re-publisher）。再发布者出于过滤、聚集、汇总、广播、缓存等目的，既实现了生产者接口，也实现了消费者接口。它从其他生产者中获取性能数据，经过自身的某些加工后，对外提供加工后的结果。

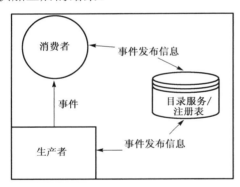

图 7-1　GMA 中的基本组件及其交互

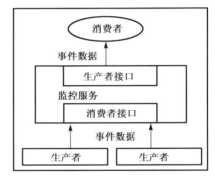

图 7-2　GMA 中的复合类型组件示意，复合组件通常提供特定的监控服务

GMA 的特点是从逻辑上将事件的生产者/消费者的发现机制和事件传输机制分离开，便于网格监控逻辑结构的划分和实现。GMA 只从高层次上定义了网格监控的基本模型框架，没有限定任何底层的数据模型和实现机制，故可以根据实际的应用需求来进行监控系统的设计。

7.4.4　基于资源自主逻辑的监控模型

网格环境下的共享资源因为各种原因进入和退出系统的随意性大，存在"churn"的现象，这种不稳定性对网格组件的性能提出了很高的要求，给监控子系统带来的问题更加复杂：不仅要判断资源的可用性，即使资源可用的话还要对其进行具体的监控。对这种不确定性的处理是否鲁棒直接关系到监控模块对外提供的服务质量问题。不行的是，上述三个模型中均没有仔细处理这个问题。此外，我们认为，尽管实时监控在系统全局的层面有着很大的局限性，但是在资源局部的层面上则有很大的发挥空间；相对静态的信息和变化频率很高的信息在收集和检测的方法上是很不一样的，它们的应用场景也各有针对性，在这两类信息的有机结合方面还可以进一步研究探讨。针对这些问题，我们提出了如图 7-3 所示的基于资源自主逻辑的监控模型，称之为基于资源自主逻辑的网格监控架构 PIMISA（plug-in monitoring and information service architecture）[8]。

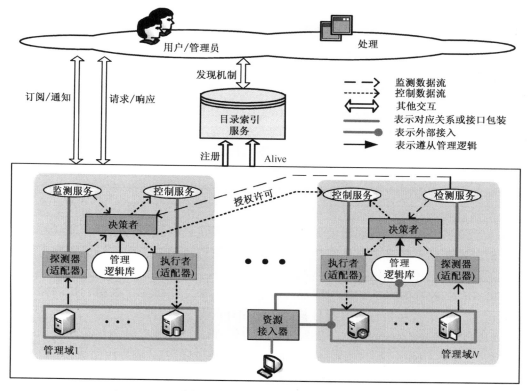

图 7-3 PIMISA 网格监控体系

PIMISA 的设计理念是：网格上的共享资源首先是其提供者（又称为"管理域"）的，理所当然需接受提供者的直接管理；同时为了使网格系统能正常运行，共享资源还需要服从网格系统本身的调度和管理，资源的动作相应地称为"管理域行为"和"网格行为"。为使得共享资源既能遵从本地管理，又能保证良好的网格行为，PIMISA 在逻辑上将网格监控分为资源本地和系统全局两个监控视图，前者指共享资源内部的监控，而后者是在前者的基础上针对网格系统/平台本身和其上的应用逻辑（business logic）。PIMISA 中的"资源自主逻辑"的概念如下：管理域根据实际情况来动态设定资源的管理逻辑，由部署在本地的网格监控组件来保障这些管理逻辑的实施，在得到授权许可的情况下，其他管理域/用户可以对本域的资源进行管理控制。

在功能和实现上，PIMISA 强调下面几点：①在资源本地进行资源状态的实时监测和分析，按照其提供者根据自身意愿设定的管理逻辑（即资源的共享规则）自动进行相应的控制操作，实现资源的自主管理；②因为在资源本地实行闭环结构的监控模型，不可避免地将引起一定的开销，这对于处理能力低下或负载已经很重的共享资源来说可能是不愿意见到的，所以 PIMISA 提出了一种"第三方资源接入"（third-party mount）的模式，允许将一个管理域资源的实时状态分析工作转移到其他管理域进行；③在系统全局这一视图中，各管理域采用"服务"的方式，将本地的监控元数据信息对外发布。这样不仅能采用一些广为接受的标准，如 SOAP、OGSA等，还能将各网格元素间的耦合松散至最低程度。

具体到监控体系，PIMISA 的全局监控视图包括三个基本组件，即目录索引服务（directory service）、监测服务（monitoring service）和控制服务（control service）。目录索引服务可以是一个集中的或分布式的索引系统，它接受管理域的注册，记录各种监控相关的信息，如监测服务和控制服务元数据、资源性能指标和控制的元数据、是否接受第三方资源的接入等。监测服务和控制服务是遵照网格服务的标准而设定的访问入口，响应用户调用请求，并具备订阅/通知功能。在访问这两个服务之前用户必须获得相应的授权许可。在实际应用过程中，系统中的管理域都向系统全局的目录索引服务注册其一些必要的元数据，如查找和定位信息。为保证管理域的自治性，对外屏蔽内部资源的具体监控细节，因此在管理域边界上对外只提供两个服务形式的访问入口：监测服务和控制服务。

PIMISA 的资源本地监控视图部署在管理域内部，由资源接入器、探测器、管理逻辑库、决策者和执行者等组件构成一个闭环的监控流程：

（1）资源接入器（mounter）：接入将第三方管理域的资源及其管理逻辑。

（2）探测器（sensor）和执行者（actuator）：在管理域范围内完成资源性能数据收集和执行管理控制指示。适配器用于集成现有监控工具和整合第三方管理域的资源接入器。

（3）管理逻辑库（management logic set）：保存资源的管理逻辑；具有"条件→操作"的表现形式，可动态修改。

（4）决策者（management depository）：获取资源的实时性能数据，判断资源状态是否满足某条管理逻辑的"条件"，在满足的情况下，确保该管理逻辑的"操作"得到执行。

PIMISA 中提出的"第三方资源接入"模式允许一个管理域的资源的决策过程转移至其他管理域中来处理，但是这不代表其他管理域对本域资源的管理控制权限

——对非本地资源的管理控制权限必须首先要获得相应的授权。"第三方资源接入"只是将闭环模型中的分析处理过程接入到其他管理域，以降低本地的监控开销，资源的管理控制逻辑还是由本地的管理员设定，而不是由"宿主"管理域来设定。除了平衡负载能力之外，"第三方资源接入"的另一个潜在用处是在一定程度上对系统全局组件屏蔽底层资源"churn"问题：一些极其不稳定的资源可以接入到其他稳定性好的管理域中去，并作为"宿主"管理域中的一项内容，由"宿主"管理域向系统全局宣告被接入资源的存在性，同时也通过"宿主"管理域对其进行查找和定位——这使得在系统全局层次上的元素组成相对稳定，提高它们对应用的服务能力。

7.5　监控系统的分类

目前国际上分布式系统的监控系统数以百计，基于 GMA 模型中监控组件的角色定义，根据监控系统中生产者和再发布者的特征，可以将现有监控系统分为 4 类[9]，如图 7-4 所示。图中 S 代表传感器，P 代表生产者，R 代表再发布者，H 代表再发布者的级联组合(hierarchy)，C 代表消费者。

第一类监控系统中，事件直接从传感器传给消费者。传感器把全部测量数据保存在本地，缺少通用的生产者 API 来访问。这类系统又称为自包含系统，只能通过预定义的固定途径访问(如 GUI 或者 HTML 页面)，一般是系统内置的 Web 界面的监控工具。典

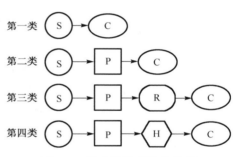

图 7-4　现有监控系统的分类

型的系统如欧盟数据网格项目中的 MapCenter[10]、DataTag 网络项目中的 GridICE[11]（又名 InterGrid Monitor Map and EDT-Monitor）。

第二类监控系统是只有生产者的监控系统。传感器由生产者管理或者通过生产者提供功能，事件可以通过生产者提供的通用 API 远程访问。这类系统相比自包含系统要灵活一些。GrADS 网格项目中的 Autopilot 系统[12]是此类系统的实例。

第三类监控系统是生产者-再发布者系统。这类系统中存在一个或多个集中或者分布式的用于专门目的的再发布者，这些再发布者的组合方式是平行且固定的。这类系统的实例包括 IPG 网格项目中基于 CODE[13](control and observation in distributed environments) 的监控系统（安全，可扩展的远程资源监测与控制）、GridRM[14]（集成网格节点上多种监控源）、Hawkeye（计算机集群监控管理）、网络应用程序日志工具包 NetLogger[15]、HBM[16](Globus heartbeat monitor，系统可靠性和故障检测)、JAMM[17](Java agents for monitoring and management，基于传感器管理的主机监控)、GridLab 网格项目中的 Mercury[18]（组织级别的监控系统）、资源监控

系统 ReMos[19] (resource monitoring system，运行时本地及广域网网络性能检测)、欧盟 CrossGrid 项目的 OCM-G[20] (on-line monitoring interface specification compliant monitor，交互式应用程序的监控系统)、SCALEA-G[21] (面向服务的监控与性能分析系统，针对应用程序和硬件资源)，以及网络气象服务 NWS[22] (network weather service)。

第四类监控系统是再发布者可以按照任意结构组合的复杂监控体系。这类系统具有潜在的伸缩性、高度灵活，可以用于构建网格监控服务。目前比较著名的网格监控系统和工具，如 Ganglia[23]、MonALISA[24]、R-GMA[25] (Relational GMA) 等都是属于此类系统。

7.6　典型的监控系统介绍

7.6.1　网络气象服务 NWS

NWS 是 UCSB (University of California, Santa Barbara) 开发的一个分布式系统，用于监控各种网络和计算资源的性能并做出动态预测。NWS 通过一组分布式的性能传感器(网络监控器、CPU 监控器等)完成广域环境下资源状态信息(如 CPU 利用率、网络带宽、延迟等)的收集。在此基础上，它利用数值计算模型对系统在给定时间范围内的状况做出预测。由于这一功能跟天气预报类似，故称之为网络气象服务。

NWS 体系的核心是 4 个进程，分别是持久状态(persistent state)进程、名字服务器(name server)进程、传感器(sensor)进程和预测器(forecaster)进程。持久状态进程用于将测量值保存到永久存储中或者从永久存储中提取测量值；名字服务器进程提供目录功能，用于实现进程和数据名称之间的绑定(通过底层的联系信息完成，如 TCP/IP 端口、地址对等)；传感器进程用来收集特定资源的性能测量值；预测器进程用于计算某个特定资源在给定时间范围内的性能预测值。这些进程彼此之间能够进行通信，但这种通信不是自由的，必须通过特定类型的消息进行。

NWS 的优势是具有较强的网格预测功能。它能给出某资源上 CPU、Memory 的预测值，或者给出 2 个资源之间近期内的网络状况预测。NWS 内部为网格预测提供了多个计算模型(基于均值的，基于中位数的、自回归的)，每次预测结束时，计算所有模型的预测值和检测到的真实值间的误差。根据对比结果按照一定算法对模型优先级排序。响应外部预测查询时，使用当前最好的模型的预测结果。相对于单一的预测计算模型，NWS 更能适应较为复杂的网格环境。

7.6.2　Ganglia

Ganglia 是一个开源的、可扩展的分布式监控系统，用于监控高性能计算系统，如集群和网格。Ganglia 主要是用来监控系统性能，如 CPU、内存使用量、硬盘利用率、I/O 负载、网络流量情况等，其设计目标是能够测量数以千计的节点，并通过曲线将节点的工作状态展示出来，从而为合理调整、分配系统资源、提高系统整体性奠定基础。图 7-5 给出了 Ganglia 系统的体系结构。

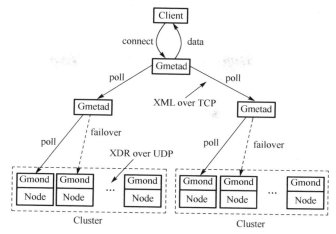

图 7-5　Ganglia 系统的体系结构

Ganglia 系统主要包含以下三大部分，它们之间通过 XML 或 XDL（XML 的压缩格式）格式传递监控数据，达到监控效果。

（1）Gmond：运行在每台计算机上，它的主要作用有两个，一是收集本机的监控数据（如处理器速度、内存使用量等），发送到其他机器上；二是收集其他机器的监控数据，供 Gmetad 读取。从上面的描述可以看出，Ganglia 系统允许 Gmond 层次化配置，因而可以实现良好的扩展。最后，Gmond 带来的系统负载非常少，这使得它能够作为一个守护进程运行而不会影响用户性能。

（2）Gmetad：运行在集群内任一台节点或者通过网络连接到集群的独立主机上，其职责是收集区域内节点的状态信息，并以 XML 数据的形式保存在数据库中。Gmetad 通常用作 Web 服务器，或者用于与 Web 服务器进行沟通，它通过单播路由的方式与 Gmond 通信。

（3）Web 前端：一个基于 Web 的监控界面，需要和 Gmetad 安装在同一个节点上。Web 前端从 Gmetad 取数据，利用 RRDTool（round robin database tool）工具进行处理，生成相应的图片（Metrics 图表），呈现给用户。

由于 Ganglia 能很好地对计算主机进行监控，已被广泛应用。需要注意的是，在 Ganglia 中，监控对象的层次关系是静态配置的，也没有涉及安全问题，因此在实际应用中，Ganglia 并不是作为一个独立的系统，而是作为网格站点的监控模块，嵌入到整个网格监控系统中。

7.6.3　Hawkeye

Hawkeye 是由 Condor 开发组开发的监控和管理工具,其目的是在分布式系统中实现自动的问题(如高 CPU 负载、高网络流量、资源失效等)监测和软件维护。它的体系结构如图 7-6 所示, 该图同时展示了系统的部署方式。

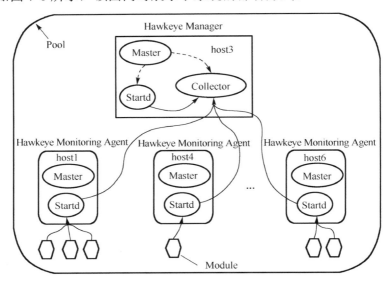

图 7-6　Hawkeye 系统的体系结构

Hawkeye 系统由四个主要的组件构成,即资源池(Pool)、管理器(Manager)、监控代理(Monitoring Agent)和监控模块(Module)。这些组件按照一个四级的层级结构组织起来, 各个组件的作用说明如下:

(1)资源池就是一个计算机的集合,其中一台计算机充当管理器的角色,而剩余计算机则作为监控代理。

(2)管理器,亦被称之为再发布者,负责收集和保存来自监控代理的信息,此外,它还负责资源池中成员状态的查询。

(3)监控代理,亦被称之为生产者,是一个分布式的信息服务组件,负责收集来自监控模块的 ClassAd(一组属性/值对, 如操作系统和 Linux),并将它们合并为一个 Startd ClassAd。监控代理会周期性的将 Startd ClassAd 发送给它所注册的管理器。需要指出的是, 监控代理也可直接回复有关特定监控模块的查询,但前提是客户端必须首先询问管理器获得监控代理的 IP 地址。

(4)监控模块就是一个简单的探测器,它依照 ClassAd 的形式对外发布资源的信息。

7.6.4　Globus MDS

作为信息服务组件，MDS 的作用是收集有关网格资源的信息，回答如下一些有关网格状态的问题：

(1) 哪些资源是可用的？

(2) 网格的当前状态是什么？

(3) 如何根据底层系统的配置来优化应用程序？

MDS 使用了一个可扩展的框架来管理有关计算网格及其所有组件(网络、计算机节点、存储系统和工具)状态的静态和动态信息，其优点包括：

(1) 访问有关系统组件的静态和动态信息；

(2) 统一灵活地访问信息；

(3) 访问多个信息源；

(4) 在异构动态环境中进行配置和调整；

(5) 分散维护。

如图 7-7 所示，构成 MDS 层次结构的组件有三种：信息提供者(information provider，IP)，网格资源信息服务(grid resource information service，GRIS)和网格索引信息服务(grid index information service，GIIS)，其中信息提供者提供资源的状态数据，如当前负载状况、CPU 配置、操作系统类型和版本、基本文件系统信息、内存信息，以及网络互连类型等，这些信息报告给 GRIS；GRIS 运行在某项资源之上，拥有与这项资源有关的信息集合，资源注册到 GIIS 中；GIIS 将独立的 GRIS 服务组合在一起，提供有关网格的总体视图。

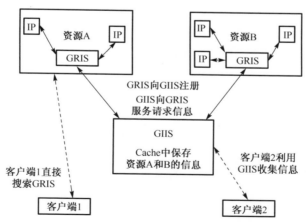

图 7-7　MDS 的体系层次非常灵活，GIIS 可以有多级，任何一个 GRIS 或 GIIS 都可注册到另外的 GIIS 中

需要注意的是，MDS 并不负责数据的采集，它只是提供了相应的接口，供用户

完成资源数据的聚集、汇总和查询。MDS 的接口基于轻量级目录访问协议 (lightweight directory access protocol，LDAP) 实现。当然，用户也可以使用许多商用或开源软件组件来实现 MDS 的基本功能。

7.6.5　MonALISA

MonALISA 是由 Caltech 开发的、具有丰富图形显示界面的网格监控系统，其全称是 Monitoring Agents in a Large Integrated Services Architecture。它为网格系统提供监测、控制和优化服务，具体包括如下几种。

(1) 针对服务和资源的分布式注册和查询服务。

(2) 检测复杂系统的各个方面：①计算节点或集群的系统信息；②局域网和广域网中的网络状况 (流量、数据、连接、拓扑)；③监控应用、作业和服务的性能；④最终用户系统，端到端的性能测量。

(3) 安全、远程的服务和应用管理。

(4) 用于复杂信息可视化的图形用户界面。

(5) 面向虚拟组织的全局监控库。

MonALISA 基于 JINI 技术、Web 服务，以及动态分布式服务体系结构 (dynamic distributed service architecture，DDSA) 设计了一个分布式的网格监控框架，该框架由 4 层全局服务构成：最底层是 JINI-LRU (lookup discovery service) 网络，用于服务和代理的动态注册与发现；之上是 MonALISA 服务，它通过多线程的执行引擎和松散耦合的多个代理，能够完成许多监控任务；再上层是代理 (proxy) 服务，用作代理之间的可靠通信以及信息的多路传输；最上层则是使用监控信息的客户或者其他全局服务。

Monalisa 的优势是采用分布式的架构，任何一个局部的故障不会影响到整个系统的运行，缺点是没有遵循 OGSA 规范，与其他网格监控系统间的互操作面临一定的困难。

7.6.6　R-GMA

R-GMA 是欧盟数据网格项目中的网格信息和监控系统，它基于前述的全球网格论坛的 GMA 草案而实现，其优势在于引入了关系模型，解决了 GMA 未能指定底层数据模型的不足。通过关系模型的引入，R-GMA 能够给人以这样的印象：每个虚拟组织都有一个属于自己的关系数据库。图 7-8 展示了 R-GMA 的组件及其他们与 GMA 的映射关系。

R-GMA 基本上做到了对网格监控资源的合理分类，但由于它的重点在于监控信息的表示、存储与复杂查询处理，因而没有提供基于监控结果的网格资源性能预测。

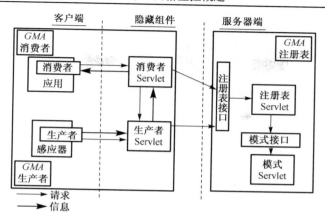

图 7-8　R-GMA 的组件及其与 GMA 的映射关系

参 考 文 献

[1] Foster I, Kesselman C, Tuecke S. The anatomy of the grid: enabling scalable virtual organizations. International Journal of Supercomputer Applications, 2001, 15（3）: 200-222.

[2] Foster I. What is the grid? a three point checklist. Grid Today, 2002, 1, 22.

[3] Buchholz F. Resource management in OGSA. Global Grid Forum, Lemont, Illinois, USA, GFD-I 45, 2005.

[4] Treadwell J. Open grid services architecture glossary of terms. Global Grid Forum, Lemont, Illinois, USA, GFD-I 44, 2005.

[5] Plale B, Dinda P, von Laszewski G. Key concepts and services of a grid information service. Proceedings of the 15th International Conference on Parallel and Distributed Computing Systems （PDCS 2002）, 2002.

[6] Tierney B, Aydt R. A grid monitoring architecture. GWD-PERF-16-3, Global Grid Forum, 2002.

[7] Mansouri S M, Sloman M. Monitoring distributed systems. Network, IEEE 7, 1993, 20-30.

[8] Hu M Z, Yang G W, Zheng W M. A resource-autonomy based monitoring architecture for grids. GPC, LNCS 3947, 2006, 478-487.

[9] Zanikolas S, Sakellariou R. A taxonomy of grid monitoring systems. Future Generation Computer Systems, 2005, 21: 163-188.

[10] Bonnassieux F, Harakaly R, Primet P. Automatic services discovery, monitoring and visualization of grid environments: The MapCenter approach. Grid Computing, 2004, 2970: 222-229.

[11] Andreozzi S, de Bortoli N, Fantinel S, et al. GridICE: a monitoring service for grid systems. Future Generation Computer Systems, 2005, 21: 559-571.

[12] Ribler R L, Vetter J S, Simitci H, et al. Autopilot: adaptive control of distributed applications. Proc. the Seventh International Symposium on High Performance Distributed Computing, 1998: 172-179.

[13] Smith W. A framework for control and observation in distributed environments. NASA Advanced Supercomputing Division, NASA Ames Research Center, Moffett Field, CA NAS-01-006, 2001.

[14] Baker M, Smith G. GridRM: a resource monitoring architecture for the grid. Grid Computing - Grid 2536, 2002: 268-273.

[15] Gunter D, Tierney B, Crowley B, et al. NetLogger: a toolkit for distributed system performance analysis. Proc. of the IEEE Mascots 2000 Conference（Mascots 2000）, 2000.

[16] Stelling P K, DeMatteis C K, Foster I K, et al. A fault detection service for wide area distributed computations. Cluster Computing, 1999,（2）: 117-128.

[17] Tierney B V, Crowley B V, Gunter D V, et al. A monitoring sensor management system for grid environments. Cluster Computing, 2001, 4: 19-28.

[18] Balaton Z, Kacsuk P, Podhorszki N. Application monitoring in the grid with GRM and prove. Proc. of the Int. Conf. on Computational Science-ICCS, 2001: 253-262.

[19] DeWitt T. ReMoS: a resource monitoring system for network-aware applications. Carnegie Mellon University, Pittsburgh PA dept of Computer Science, 1997.

[20] Balis B, Bubak M, Funika W, et al. Monitoring grid applications with grid-enabled OMIS monitor. Proc. First European Across Grids Conference 2970, 2003: 230-239.

[21] Truong H L, Fahringer T. Scalea-G: a unified monitoring and performance analysis system for the grid. Grid Computing, 2004, 3165: 202-211.

[22] Wolski R, Spring N T, Hayes J. The network weather service: a distributed resource performance forecasting service for metacomputing. Future Generation Computer Systems, 1999, 15: 757-768.

[23] Massie M L, Chun B N, et al. The ganglia distributed monitoring system: design, implementation, and experience. Parallel Computing, 2004, 30（7）: 817-840.

[24] Newman H B, Legrand I C, et al. Monalisa: a distributed monitoring service architecture. Computing in High Energy and Nuclear Physics（CHEP03）. La Jolla, California, 2003.

[25] Cooke A, Gray A J G, Ma L S, et al. An information integration system for grid monitoring. On the Move to Meaningful Internet Systems 2003: CoopIS, DOA, and ODBASE 2888, 2003: 462-481.

第 8 章

网格监控标准设计

在上一章中，对网格监控的需求、面临的挑战、模型，以及发展现状等进行了概括而又全面的介绍。虽然全球网格论坛 GGF 发布的网格监控体系结构 GMA 草案方便了网格监控逻辑结构的划分和实现，但它只是从高层次上定义了网格监控的基本模型框架，并没有限定任何底层的数据模型和实现机制，因而实现起来仍然存在困难。为了解决上述不足，本章在 GMA 的基础上，从实现的角度探讨网格监控标准的设计问题。

8.1 逻 辑 模 型

GMA 是一种概念模型，它从信息的产生以及消费过程入手定义整个监控系统。然而，GMA 模型并没有明确指出一个完整的网格监控系统中应该包含哪些组件，这是导致其难以实现的主要原因。为了解决这一问题，我们从实现的角度入手，提出如图 8-1 所示的逻辑模型，我们把它称之为 GridMon。

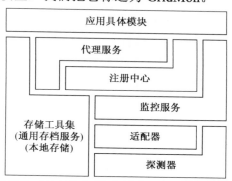

图 8-1　网格监控系统的逻辑模型 GridMon，该模型是面向实现的

遵循层次化设计的思想，GridMon 力图提供一套紧凑的工具集，在屏蔽底层具体实现细节的同时提供丰富的功能和统一的访问入口，使上层具体应用(如显示、性能分析和预测等)的构建尽量方便。GridMon 的主要功能模块说明如下。

8.1.1　探测器、适配器和监控服务

在这三者之中，探测器是真正采集资源性能数据的实体，适配器是用于接入和整合第三方的资源监控工具，翻译异构数据表示，监控服务用于屏蔽性能数据采集和转化的具体细节，对外提供统一的访问入口，同时支持 PULL 和 PUSH 这两种工作方式，满足各种不同的需求。

在实际应用中，探测器直接部署在被监控对象之上，通过本地方法获取目标系统范围内的性能状态数据；适配器负责将目标系统上已有的第三方监控设施或不同类型的探测器接入到针对目标系统的监控流程中；监控服务按照 WSRF（Web Services Resource Framework）[1]、WSN（Web Services Notification）[2] 和 WSDM（Web Services Distributed Management）[3] 规范来实现，将目标系统的监控数据以服务的形式对外发布。

8.1.2　注册中心

注册中心的作用是接受监控服务的注册，维护目标系统的监控元数据信息（如监控服务的访问地址、服务类型等），简化具体对象的定位过程，并向用户提供查询接口。注册中心是整个网格监控系统中监控数据发现和定位的起点和枢纽。

8.1.3　存储工具集

存储工具集用来在不同层次上对资源相关的数据进行不同精度的存档，使上层应用只需关注其自身的应用逻辑，而不必关心底层具体的数据收集细节。考虑到应用的多样性、异构资源的自治性和本地化特性，存储工具集主要提供如下两种服务。

（1）本地存储：部署在资源本地，用于存储其最精确的数据信息。由于本地存储主要为本地管理系统提供工作依据，因此在我们的监控标准中不予以考虑。

（2）通用存档服务：是监控系统的一项基础设施，它根据目标系统自定义的规则和策略，对其发送的监控数据（可以是经过加工后的数据，也可以是原始数据）进行永久存档，便于日后使用。

8.1.4　代理服务

代理服务以普通 Web 服务的方式向用户提供一组实用的监控数据发现和获取接口，其作用是向注册中心、通用存档服务和监控服务等转发用户请求（如订阅、实时数据获取、控制指示等），并将结果返回给用户。作为上层应用或用户的代表，代理服务屏蔽了用户与底层监控组件之间复杂的交互细节与交互过程，方便了用户的使用。

8.1.5　应用具体模块

应用具体模块通过代理服务来获取目标系统的监控数据，然后根据应用的具体需要将这些数据呈现给用户。由于应用的多样性以及需求层面的差异，这部分内容很难被标准化，因此在我们的监控标准之中也不予以考虑。需要指出的是，在大多数监控系统中，人们一般采用可视化的方式(如饼状图、散列图、对比图等)将系统中资源的当前信息和历史信息显示出来。

对于网格监控而言，其标准化的根本目的在于提高模块之间的互操作性。根据前面的描述，我们把标准化工作的入手点归结为 5 个方面，即探测器/适配器、监控服务、注册中心、通用存档服务和代理服务。参照 GMA 模型以及其他信息系统标准化的一些做法，我们只规定了上述模块的对外接口，而将其内部实现留给开发商或开发者去自由发挥。接下来，我们就对上述 5 个模块的对外接口进行较为详细的介绍。

8.2　探测器/适配器

探测器/适配器是真正进行数据采集，或从第三方工具获取实际数据的实体。从功能上来说，探测器/适配器的主要工作内容有：①维护当前的节点列表；②在某一端口监听各节点广播的监控信息，或者定期调用第三方工具的对外接口，或者定期向节点发送查询信息，以更新本身维护的性能数据；③向监控服务提供 RMI(remote method invocation)服务，便于其获取各种节点和性能数据信息；④接受监控服务的 RMI 回调注册，并检测性能数据的变化情况，向监控服务发送 notification 事件。根据上面的描述，探测器/适配器至少需要提供如下 5 个接口。

方法 1　public void listenPort(int port)
【描述】
在指定端口侦听信息，并根据信息类型进行相应操作，更新本地维护的性能数据
【参数】
port　　侦听所用的端口
【返回值】
无

方法 2　public void notifCheck()
【描述】
检测本地维护的监控数据与上一个时间点上的值是否有变化，若发生变化则通过 RMI 回调向监控服务发送通知消息
【参数】
无

【返回值】

无

方法 3   public List queryNodeList（）

【描述】

得到当前被检测的节点列表

【参数】

无

【返回值】

节点 IP 组成的列表

方法 4   public List queryNodeMetricList（String nodeIP）

【描述】

查询节点的性能指标列表

【参数】

NodeIP   节点的 IP

【返回值】

指定节点被测量的监控指标组成的列表

方法 5   public HashMap queryMeasurement（String nodeIP，List metricList）

【描述】

得到指定节点上某些监控指标的当前测量值

【参数】

nodeIP   被查询的节点

metricList   被查询的监控指标名字组成的列表

【返回值】

监控指标的名字和对应的值组成的 HashMap

8.3 监 控 服 务

监控服务屏蔽了本地探测器/适配器的具体实现细节，对外以服务的方式提供统一的访问入口。根据监控对象的不同，监控服务主要由两类 WSRF 兼容的服务构成，即 Cluster 和 Host，其中前者代表机群整体，为单一实例（singleton）类型的服务；后者代表机群内部的一个机器。总体上来说，监控服务的主要功能有：①将探测器/适配器维护的监控信息包装成服务本地的数据内容；②接受用户关于监控信息获取的查询；③接受用户的订阅消息；④检测本地服务维护的信息是否发生变化，如果是，进行相应的通知操作。根据这一描述，从标准化的角度来说，监控服务至少需要提供如下 5 个接口。

方法 1 public List queryLivingNode ()

【描述】

得到本地范围正在被监控的机器列表

【流程】

生成/注销每一个服务或服务资源实例的时候都要向 Clutster 服务的 singleton 资源进行注册/注销，因此，Cluster 的 singleton 资源维护有当前服务层次上对应的资源列表。本方法的流程简单地说就是查询 Cluster singleton 资源维护的资源关系元素

【参数】

无

【返回值】

当前机器 IP 组成的列表，以及它们对应的服务层次上的对象的访问入口 EndpointReferenece

方法 2 public List queryValidateMetrics (String nodeIP, EndpointReference epr)

【描述】

查询指定机器对应的服务资源上对外可访问的性能指标的列表

【参数】

nodeIP　　　机器的 IP

epr　　　　　服务资源的 EndpointReference

【返回值】

服务层上指定节点维护的性能指标名字组成的列表

方法 3 public HashMap queryValues (String nodeIP, EndpointReference epr, List metricNameList)

【描述】

得到某一个机器对应的服务资源上维护的监测指标的当前测量值

【参数】

nodeIP　　　　　　机器的 IP

epr　　　　　　　服务资源的 EndpointReference

metricNameList　　待查询的性能指标名字列表

【返回值】

性能指标名字以及当前值组成的 HashMap

方法 4 public void subscribe (String nodeIP, EndpointReference epr, List metricNameList, EndpointReference notifEpr)

【描述】

订阅指定机器对应的服务资源上维护的一些监测指标的变化

【参数】

nodeIP　　　　　　　　机器的 IP

epr　　　　　　　　　　服务资源的 EndpointReference

metricNameList　　　　待订阅的性能指标名字列表

notifEpr　　　　　　　通知的地址

【返回值】

无

方法 5　public void refreshRP（String nodeIP, String metricName String newValue）

【描述】

更新服务资源上维护的性能指标的值

【参数】

nodeIP　　　　　　　　机器的 IP

metricName　　　　　　待更新值的性能指标名字

newValue　　　　　　　新的测量值

【返回值】

无

8.4　注　册　中　心

注册中心接受监控部分中各模块的注册，维护其元数据信息，并进行节点是否存活的检测。为降低系统实现上的复杂性，注册中心被设计成 singleton 类型的 WSRF 服务。从标准化的角度来说，注册中心需要提供如下最基本的操作接口。

方法 1　public void register（Document metaDataDoc）

【描述】

接受各监控模块的注册

【参数】

MetaDataDoc 被发布的元数据组成的一个文档，主要内容包含访问端点、对象类型、简短的功能描述等

【返回值】

无

方法 2　public void aliveCheck（）

【描述】

检查注册的对象实体当前是否存活

【参数】

无

【返回值】

无

方法 3　public List queryRegisteredItem(String type，String status)

【描述】

查询目前系统中注册的属于某种类别的实体

【参数】

Type　　　查询对象所属的类型，如 Cluster service、Archiver、Proxy Service 等

Status　　对象所处的状态，如 alive、dead 等

【返回值】

对象实体的访问入口组成的列表

8.5　通用存档服务

通用存档服务按特定的模式(schema)来创建数据库表，添加新的数据内容，并向代理服务以及应用层模块(如 GUI)提供查询接口。它的主要功能是完成数据的存档和查询。通常情况下，为了保证数据的完整和存储安全性，不接受数据删除的请求，数据删除操作只有经管理员确认后才能完成。因此，从标准化的角度来说，通用存档服务至少需要提供如下 3 个接口。

方法 1　public boolean createTables(Document dbSchema)

【描述】

按照节点请求的数据库 schema 创建相应的表

【参数】

dbSchema　　　数据库若干个表的 schema 组成的 document

【返回值】

如果创建成功，返回 true；否则返回 false

方法 2　public boolean record(String dbtableName, Document newValues)

【描述】

将传入的记录集合插入到指定的数据表中

【参数】

dbtableName　　　目标数据表名

newValues　　　按特定格式书写的若干条记录组成的文档

【返回值】

如果添加数据成功，返回 true，否则返回 false

方法 3　public Document queryHistoryRecord（String dbtableName, String nodeIP, String beginTime, String endTime, List metricNames）

【描述】

向某一个表查询某台机器在一个时间段内的指定的性能指标的所有测量值

【参数】

dbtableName	目标数据表名
nodeIP	目标机器 IP
beginTime	时间段的起始时间
endTime	时间段的结束时间
metricNames	待查询的性能指标名字列表

【返回值】

如果添加数据成功，返回 true，否则返回 false

8.6　代　理　服　务

代理服务的主要作用是屏蔽底层各模块之间的复杂交互细节，向上层应用开发人员提供简洁的 API，从而简化监控应用的开发过程。从标准化的角度来说，它至少需要提供如下 6 个接口。

方法 1　public List getSite（String status）

【描述】

得到当前系统中注册的节点列表，节点状态由参数 status 指定

【参数】

Status	节点的状态，如 alive、dead 等

【返回值】

指定状态的节点 ID 和访问入口 EPR 组成的列表；如果 status 为 null，则返回所有注册的节点列表

方法 2　public HashMap getMetricValues（String siteID, String nodeIP，EndpointReferent epr，List metricNameList）

【描述】

得到目标节点上某台机器的最新性能数据

【参数】

siteID	目标节点 ID
nodeIP	目标节点内的某台机器 IP
metricNameList	请求性能指标的名字列表

【返回值】

由性能指标名字和当前测量值组成的 HashMap

方法 3　public Document getHistoryInfo（String siteID, String nodeIP, String archiverAddress, String dbTableName, String beginTime, String endTime, List metricNameList）

【描述】

得到目标节点上某台机器的最新性能数据

【参数】

siteID　　　　　　　　　目标节点 ID

nodeIP　　　　　　　　　目标节点内的某台机器 IP

archiverAddress　　　　　Archiver 的地址

dbTableName　　　　　　目标 Archiver 中维护的数据表名称

beginTime　　　　　　　时间段的起始时间

endTime　　　　　　　　时间段的结束时间

metricNameList　　　　　请求性能指标的名字列表

【返回值】

由性能指标名字和当前测量值组成的 HashMap

方法 4　public void subscribe（String siteID, String nodeIP，EndpointReferent epr, List metricNameList）

【描述】

代表调用者向目标服务资源订阅某些性能数据的变化事件

【参数】

siteID　　　　　　　　　目标节点 ID

nodeIP　　　　　　　　　目标节点内的某台机器 IP

epr　　　　　　　　　　目标资源节点的 endpointreference

metricNameList　　　　　请求性能指标的名字列表

【返回值】

无

方法 5　public void notify（Document notifMessage）

【描述】

代表调用者接受底层服务发过来的变化事件

【参数】

notifMessage　　　通知消息

【返回值】

无

方法 6　public void unsubscribe（String siteID, String nodeIP, EndpointReferent epr, List metricNameList）

【描述】

撤销目标节点上某台机器的性能数据的订阅

【参数】

siteID　　　　　　　　　目标节点 ID

nodeIP　　　　　　　　　目标节点内的某台机器 IP

epr　　　　　　　　　　 目标资源节点的 endpointreference

metricNameList　　　　　待撤销订阅的性能指标的名字列表

【返回值】

无

8.7　补　充　说　明

前面我们定义了网格监控系统 5 个重要组件共计 22 个接口，熟悉编程的读者很容易看出，这些接口都是采用 Java 语言描述的，这么做主要考虑到两方面的因素：一是 Java 语言具有很好的跨平台特性，且已经得到了非常广泛的应用，因而提供 Java 接口有助于更多的设计或开发者遵循这一标准；二是采用高级语言的形式来描述更有助于用户的理解。上述接口中的复杂数据结构，如 Document、List、EndpointReference、HashMap 等均遵循 Java 语言中的定义。

最后需要指出的是，由于我们的标准在设计之初就考虑到遵循或兼容现有的 Web 服务标准或规范，如 WSRF、WSN 和 WSDM 等，由此得到的监控系统天然具有 Web 服务访问接口，Java 接口只是其另一种表现形式而已。实际上，前述接口中的 Endpoint Reference 就是对 WS-Addressing 规范[4]的一种封装。

参　考　文　献

[1] OASIS. Web Services Resource Framework（WSRF）v1.2. https://www.oasis-open.org/ standards# wsrfv1.2. 2010.

[2] OASIS. Web Services Notification（WSN）v1.3. https://www.oasis-open.org/standards#wsnv1.3. 2010.

[3] OASIS. Web Services Distributed Management（WSDM）v1.1. https://www.oasis-open.org/ standards# wsdmv1.1. 2010.

[4] World Wide Web Consortium（W3C）. Web Services Addressing Working Group. http://www. w3. org/2002/ws/addr/. 2010.

第 9 章

网格监控标准的参考实现：CGSV

在上一章中，我们讨论了网格监控系统标准的设计问题，从接口层面规定了网格监控系统各个模块所必须提供的接口。本章在上述工作的基础上，给出网格监控系统的一个参考实现，其目的是为类似监控系统的设计提供借鉴。

9.1 CGSV 概述

CGSV 的全称是 ChinaGrid Super Vision，是一个广域环境下的分布式网格监控系统。正如名字所反映的那样，CGSV 是为中国教育科研网格 ChinaGrid 服务的。始于 2003 年的中国教育科研网格 ChinaGrid 计划是教育部"十五"211 工程公共服务体系建设的重大专项，其目标是充分利用中国国家教育科研网 CERNET 和高校的大量计算资源和信息资源，开发相应的网络软件，配合网络计算机的使用，将分布在教育和科研网上自治的分布异构的海量资源集成起来，实现 CERNET 环境下资源的有效共享，消除信息孤岛，提供有效的服务，形成高水平、低成本的服务平台，将高性能计算送到教育和科研网用户的桌面上，成为国家科研教学服务的大平台[1]。

CGSV 是中国教育科研网格公共支撑平台 CGSP(ChinaGrid Support Platform)[2]的一个子项目，后者是为 ChinaGrid 的建设和发展而研制的网格核心中间件，是国际上第一个遵循 OGSA 架构，参照 WSRF 规范实现的网格中间件。图 9-1 给出了 CGSP 的架构，网格监控是 CGSP 的九大关键功能模块之一，负责资源级、服务级、作业级、用户级的动态监控，它跟信息中心一起构成 CGSP 的信息服务，提供一个全局的资源视图，使得最终用户透明访问网格环境上的计算节点、应用程序，以及各类仪器设备等。

CGSV 的设计目标是为 ChinaGrid 的网格用户和网格平台的其他模块提供不同级别的针对网格共享资源的监控、分析和优化服务[3]，它在整个开放式网格服务架构 OGSA 中关注的范围如图 9-2 所示[3]。从图中可以看出，中间层的监控分析、资源管理以及优化体系都是 CGSV 关注的领域。需要指出的是，由于 OGSA 的中间层与底层之间的紧密关系，监控的对象既包括这一层的部分抽象实体，也包括底层的虚拟资源。

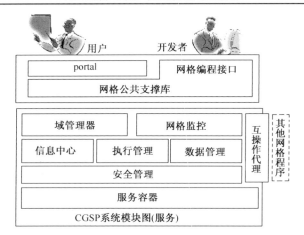

图 9-1　CGSP 的功能模块，网格监控是九大模块之一

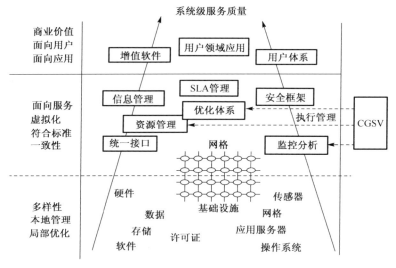

图 9-2　CGSV 在开放式网格服务架构 OGSA 视图中关注的范围

9.2　CGSV 的设计理念

9.2.1　功能需求

　　CGSV 的功能性需求被划分为性能监控、分析预测和反馈优化三级。

　　监控基础设施(monitoring infrastructure)负责采集原始的系统资源状态数据并作基本的聚合处理，它的研究与开发是最基本的要求。这一级别的主要问题是如何提供一种便于用户使用的机制(如易于定义监控指标，易于部署必要的监控设施)，并且保证系统高效率的运行。在前面的分析中，我们已经指出，目前已经有很多工具对基本的系统资源信息提供了监控支持，并且各自得到了一定程度的应用，如Ganglia、R-GMA、MDS 及 MonALISA 等。这些监控工具分别在某些需求上拥有一些优势的特性，但是它们各自使用不同的数据格式和访问接口，缺乏统一的标准。此外，对于网格平台自身，CGSP 的各个模块也提供了访问其内部状态的接口。CGSV运行在 ChinaGrid 的网格环境下，针对异构的网格资源及其上异构的监控组件，需要提供一套通用的数据模型，将这些不兼容的监控数据源集成起来，提供一套统一的访问机制。这样，既能利用现有的监控设施，又为上层用户消除了监控工具之间业已存在的语义和语法的鸿沟。

　　第二级功能需求是对监控测量的指标数据进行分析和预测。现有的监控工具基本上停留在简单的物理意义测量指标上。对于商业级别的服务应用，还需要对这些数据作进一步的数据挖掘和聚合处理，计算服务等级协议(service level agreement，SLA)指标。对于原始数据的分析处理，涉及两类数据关系的分析：一种是监控测量数据和业务级性能指标之间垂直双向的数据关系，另一种是所有的监控指标之间的隐式依赖关系。对于监控测量数据，需要知道在满足何种条件的情况下，某个业务级的目标可以达到；对于业务级指标，则需要了解哪些监控测度会对该指标产生影响。监控指标之间依赖关系的发掘对于故障定位、性能预测和系统优化具有直接意义。在这一级别的主要问题是内置数据挖掘算法和对商业指标的理解。

　　第三级功能需求是在网格系统性能分析和预测的基础上，对网格系统进行反馈优化。优化分为静态和动态两种机制。静态优化是指调整网格系统资源或者网格平台上应用程序的配置，从而达到指定的业务级目标。动态优化是指在应用程序运行过程中控制和修改其行为以期达到关键的业务指标并避免异常。优化的对象包括衍生服务、资源位置管理、元数据目录、数据传输、查询优化、资源配置、服务质量、许可控制等。此外，优化还涉及网格资源模型的模拟。这一级别的主要问题是网格资源的管理机制(可控性)和自动模拟优化算法的研究。

9.2.2　非功能需求

　　除了上述的功能性需求之外，CGSV 在设计过程中还考虑到下述的非功能性需求。

1.　伸缩性(scalability)

　　网格平台作为一个动态的系统，共享资源能动态的加入和离开，这使得网格的规模也就变的不可预测。CGSV 需要有效应对网格资源、监控事件、监控用户数目的增长。这一要求体现在高性能和低干扰性(intrusiveness)两点，其中前者保证在负载改变的情况下，吞吐率和响应时间线性变化，而后者则意味着监控系统占用的系统资源始终保持相当低的水平。干扰性的产生来源于网格监控作为一个系统任务，其本身也要占用一定的系统资源(如对网格资源的信息收集要占用一定的网络带宽，对网格资源的预测要占用一定的计算时间等)。如果对网格平台的监控和预测本身就占用了大量的系统资源，那么对网格监控就失去其预想的意义了。这一点也可被归纳为轻量级要求(light-weighted)。

2. 可扩展性(extensibility)

计算网格作为网格基础平台，需要为各类用户及各种网格应用平台提供基于计算的服务。这就要求监控系统对平台本身的信息进行全面的收集，否则就有可能无法满足不同特点的用户或应用对系统资源信息的不同请求。同时，由于网格上的应用多种多样，不同类型的用户关心的内容也不尽相同，网格监控和信息服务应该提供一种灵活的机制，使得用户可以根据各自的需求方便地定制和插入不同的监控内容。针对网格平台下的新增资源类型和新增监控数据类型，CGSV 需要相应的扩展机制以提供支持。

3. 实时性(instantaneity)

网格平台本身是个动态变化的系统，底层资源的变化迅速且频繁。网格监控系统描述虚拟资源的状况，实时性越高，网格平台对于资源的抽象就越接近于真实情况，资源管理也就更加准确有效。网格中资源状况的变化直接影响到用户或应用对网格资源的使用，实时性已经逐渐成为网格监控的迫切需求。所以 CGSV 对用户或应用提出的查询请求的反馈不仅要全面而且要快。

4. 可移植性(portability)

网格监控作为网格基础平台中间件里的一个重要服务，应该能够让用户或网格应用方便地使用和针对自身特点进行二次开发。CGSV 监控系统的接口，尤其是数据类型，同时还要避免平台相关性。这样既增强了系统服务的复用性，同时又提高了基础平台的灵活性。

5. 健壮性(robustness)

一方面，CGSV 作为网格资源监控系统，在网格这种地理跨度和物理规模都很大的分布式系统环境下，任何一部分的组件(包括网格监控服务本身)故障都是可能的，而且是不可避免的。因此网格监控要求能够很快地从故障中恢复到可接受的运行状态。另一方面，网格监控服务的各部分应该是松耦合且分布的，某部分的故障不影响其他部分的工作。

6. 安全性(security)

特定的应用场景要求保护网格系统的监控信息，需要对访问加以安全控制。

9.3　CGSV 的部署与使用

CGSV 的实现遵循上一章提出的 GridMon 模型,其基础版本于 2006 年 4 月发布,提供最基本的性能监控服务[4]。图 9-3 显示了 CGSV 的一个部署和交互场景，图中的索引服务担负 GridMon 模型中注册中心的职责。监控系统的各模块安装并配置完毕之后，注册中心首先接受各模块的注册，包括监控服务、通用存档服务、代理服务,甚至是注册中心本身。当系统正常运行后，节点到通用存档服务的数据流程运行，不受应用级别模块的影响。考虑到可视化工具对于请求响应速度的要求比较高，为了简化可视化工具的开发，对于用户请求的数据内容皆通过代理服务来完成。

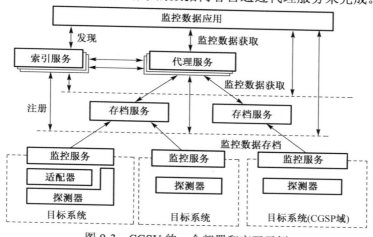

图 9-3　CGSV 的一个部署和交互示例

图 9-3 中各模块之间的主要交互过程说明如下：

(1)通过代理服务向注册中心获取目标节点或其他模块的元数据信息(包括定位和访问信息等)。

(2)根据用户的请求，代理服务向目标通用存档服务获取相关的历史信息。

(3)为了节省网络开销和提高工作效率,代理服务代表可视化工具向多个目标节点上的监控服务发送某些主题的订阅消息。

(4)在目标节点上检测到被订阅的主题有事件产生时,监控服务向代理服务发送通知消息。

(5)代理服务收到通知消息后进行解析处理，主动向可视化工具发送更新事件，或等待可视化工具的下一次数据获取操作。

图 9-3 中同时展示了应用级别存储模块获取数据的可能途径。与可视化工具相比，应用级别的存储对于响应速度没有那么严格的要求，故可以通过各种不同的方式来获取不同精度的性能数据，而且在数据获取的具体过程中可完成一些应用级别的过滤和整合功能，主要包括：

(1)通过代理服务来获取各节点的性能数据。

(2)直接从通用存档服务中获取历史数据。

(3)直接从监控服务获取节点当前的性能数据。

(4)直接从本地存储模块获取节点历史的性能数据。

9.4 数据采集的实现

数据采集包含探测器和适配器这两个模块，位于整个监控系统的最底层，其角色相当于 GMA 监控模型中的生产者，所起的作用则是从各种不同的监控组件(包括 CGSV 自身开发的资源监控工具软件)中采集网格系统资源数据，以统一的接口提供给上一层。

9.4.1 资源对象

CGSV 监控的网格资源对象具体分为硬件资源、网络状况、作业/进程、网格服务、网格域信息五类。

硬件资源信息指计算节点的相关的主机资源状态。最常用的三项指标是 CPU 空闲比例、可用内存容量和剩余硬盘空间。其他动态指标有主机输出字节数、主机输入字节数、主机平均负载(过去 1 分钟、5 分钟、10 分钟，参照 Linux 定义)、系统进程 CPU 占用率等，此外还包括主机的相对静态信息，如 CPU 数目、CPU 频率、硬盘空间、内存容量。对于这部分信息的获取，CGSV 自身开发的工具软件和许多计算机监控工具软件都可以完成，典型的集群监控工具是 Ganglia。

网络状况信息指网格平台下资源节点之间的网络带宽、网络传输延迟、丢包率等数据。网络气象服务(NWS)工具软件是一个轻量级的网络状况监测工具，除可以提供当前网络状况信息外，还可以在配置好 NWS 存储与拓扑之后，根据历史数据给出网络状况的预测信息。

作业/进程信息指网格平台下，计算节点上运行的网格任务作业或主机进程的相关信息，包括任务进程占用的 CPU 时间、使用内存等动态信息。对网络作业的监控依赖于 CGSP 网格平台作业执行管理模块的支持，包括作业列表、运行位置、在平台内的调度时间等，部分数据也可以直接从执行管理模块取得。

网格服务信息指网格平台上运行的服务分布、负载、服务质量等信息。CGSP 系统是符合 OGSA 规范的面向服务的体系结构，系统功能完全由服务体现。服务的静态信息由 CGSP 的信息中心模块维护，动态信息依靠 CGSP 服务容器的支持提供。

网格域信息指网格平台上和域的组织相关的拓扑与安全信息，包括网格用户、用户组的划分情况、权限分配信息、网格系统在线用户数目、用户使用网格系统的时间长度等。域信息的获取依赖于 CGSP 的信息中心模块和域管理器模块。

9.4.2　探测器的实现

CGSV 探测器的设计吸取了 Ganglia 自组织的发现机制，添加了动态配置的能力，并使用了自行设计的传输与控制协议。

CGSV 的探测器逻辑上分为两层：从网格资源上直接获取信息的 CGSV 组件称为一级探测器，其他第三方硬件资源监控工具、网络监控工具，以及网格平台服务、作业、域信息等的监控服务通过适配器与 CGSV 集成。从一级探测器或适配器取得的数据由我们称之为二级探测器的组件作初步的汇聚，以减小服务层需要访问的资源入口，同时对服务层提供统一的网格资源数据内部接口。对应于 GMA 的生产者/消费者模型，一级探测器和第三方监控工具充当的是生产者的角色，而适配器和二级探测器相当于再发布者。

如前所述，一级探测器主要完成硬件资源信息的采集，部署在所有的计算节点上，包括单独的超级计算机和集群的子节点。一级探测器借鉴了 Ganglia 监控工具的广播发现技术，集群节点上的一级探测器通过 UDP 数据报广播发现其他在同一集群内的节点并交换数据。集群内每个节点都维护它通过广播交换数据所获得的节点列表，并把接收广播报文得到的监控数据加入自己的监控信息列表中。广播数据报文同时充当着节点存活状态的标志，避免由于局部的网络故障导致失去对个别资源节点的监控，从而误判资源的死亡。

一级探测器的监控元数据是可以动态配置的，这是 CGSV 监控系统的特点之一。监控元数据是指和监控行为相关联的探测器参数。典型的监控元数据配置包括监控工具的选择（如使用 NWS 还是 Remos 监控网络信息）、监控指标采集频率的调整（系统负载与数据精度需求的折中）、监控指标的数据存储配置（存储周期、规模限制）等。很多流行的监控工具软件都在一定程度上支持监控元数据的配置，但往往是静态配置，运行中不能更改。在监控系统运行过程中，需要一种灵活方便的机制，动态的调整传感器的行为，达到不同的监控功能与性能目标。为此，CGSV 提供了探测器元数据的查询和调整机制，目前主要针对监控指标的开关和采集频率。

二级探测器部署在单独的超级计算机和集群的前端机上，负责从一级探测器、第三方监控工具及其适配器、网格平台其他模块的监控信息接口上提取网格资源信息。二级探测器理论上也是可以级联的，但出于维护网格资源独立自治的原则，CGSV 并不鼓励这样做。所有的二级探测器被平行的部署在目标系统上，为服务层提供访问监控数据的 API。

9.4.3　适配器的实现

兼容集成第三方的监控工具软件，便于计算资源利用现有的监控设施，避免冗余负载是 CGSV 设计的一个原则，因此需要用适配器从已有监控工具软件中提取数据。适配器需要维护与其他一级探测器统一的生产者接口以便于使用，但自身没有很高的性能要求。因此，在适配器与底层第三方监控工具的消费者接口上，优先采用第三方的 API(采用平台相关的开发库，或是采用专门的 Web 服务访问接口)以保证访问效率和数据质量，其次才是采用间接的数据获取方式(如访问数据存储)。至于向上的生产者接口，适配器将采集的数据转换为与其他一级探测器相同的数据结构，或是二级探测器也可以理解的数据结构。

在 CGSV 的实现中，网络状况监控采用了对 NWS 工具软件的 API 进行 JNI 封装的技术，向上提供 Java RMI 访问接口。CGSP 的作业、信息，以及域信息等通过访问相应 CGSP 模块的 WSRF 服务获取，对上也是用 Java RMI 封装成生产者接口。

9.4.4　传输与控制协议

借鉴文件传输协议和 Supermon[5]网格监控项目，CGSV 为数据传输和探测器控制设计了一套消息传递协议[6]。协议的文法基础是符号表达式(s-表达式)，底层通信采用 UDP 和 TCP 混合的方式。

s-表达式起源于 LISP 语言，由 McCarthy 在 20 世纪 50 年代末作为 LISP 语言的一部分创立的。s-表达式是递归定义的简单数据表达格式，和 XML 格式具有结构上的相似性。它使用括号和空格作为元素分隔的标志，语法形式类似于广义表。CGSV 使用基于 s-表达式的消息传递协议主要考虑到以下因素。

(1)可扩展性：协议可以为新的事件类型或控制命令类型做出灵活的扩展，从而允许系统在实际运行中不断地演化发展。

(2)自描述性：协议传输的数据类型是自描述的，每个数据都捆绑了监控指标的名称和采集的时间戳，因此监控数据报文的解析几乎不需要先验知识，从而增强了采集层的互操作性。

(3)压缩性：和 XML 及其他自描述的数据表达方式相比，s-表达式的数据报文异常精简。这一特性节约了网络带宽以及协议解释的内存开销，从而降低了监控系统对目标系统运行的干扰性。

(4)平台无关性：由于使用该协议是纯文本的方式，不需要平台对特定数据结构的支持，从而使得采集层监控工具有高可移植性。

CGSV 设计的协议支持 5 种不同的命令类型。协议头用命令字区分类型，协议字后按照不同的协议类型组织数据。

协议数据报文　::=(协议命令类型　协议数据)。

协议报文的示例如表 9-1[3, 6]所示。QUERY 类型用于发送数据查询请求，包括监控数据查询(get)和探测器元数据查询(mode)。DATA 类型响应 QUERY 类型的监控数据查询请求，将监控数据及采集时间一次性返回。DATA 类型的报文还可以用于在一级探测器之间广播，从而互相发现并维护存活状态。SCHEMA 类型报文响应 QUERY 类型的探测器元数据查询请求，返回探测器监控指标列表及其开关状态、监控频率。CTRL 类型和 RESULT 类型是一组对应的探测器控制报文。CTRL 报文发出对探测器的元数据进行修改的命令(open、close、set)，从而改变探测器的监控行为。RESULT 类型报文返回给命令发送方，告知命令结果。

表 9-1 CGSV 传输与控制协议的五种基本命令类型

命令类型	协议报文示例	命令语义	说明
QUERY	(QUERY (get 1.2.3.4 *))	向 IP 为 1.2.3.4 的主机发送查询请求，查询对象为全部测量指标	监控指标名称可以用通配符，也可用预定义的指标名称或者序号；如果 IP 指向集群的前端机，所有集群内部节点的数据都会被取出
DATA	(DATA (hostname 1.2.3.4) (timestamp 11 15715626) (OSType 1 10) (CPUNumber 2 10))	包含 2 个监控数据项(OSType 和 CPUNumber)的数据包。主机 IP 和采集时间戳默认包含在开头	测量指标信息元组由指标名称、指标数值和指标更新时间与采集时间戳的误差组成
SCHEMA	(SCHEMA (hostname 1.2.3.4) (OSType 1 1500) (CPULoad 0 15))	在主机 1.2.3.4 上支持 OSType 和 CPULoad 两种监控指标，分别为打开和关闭的状态，监控时间间隔分别为 1500 秒和 15 秒	监控指标元组由指标名称、指标开关状态和采集时间间隔组成
CTRL	(CTRL (close 1.2.3.4 4))	向 IP 为 1.2.3.4 的主机发出控制请求，关闭 MemFree 的监控指标的开关	"4"是预定义的对 MemFree 指标的编号
RESULT	(RESULT (1 (get 1.2.3.4 *)))	指示命令"get 1.2.3.4 *"这一命令的执行结果为成功(1)	"1"是预定义的错误返回代码，表示成功

9.5 监控服务的实现

如图 9-3 所示，在 CGSP 的每个逻辑域上，CGSV 建立一个对应的逻辑域监控中心，监控系统的注册中心、存档模块、消息代理等服务都部署在这里。CGSV 将所有提供监控信息的资源集合称为目标系统，监控服务就部署在目标系统的资源节点上，它对外提供统一的访问入口，屏蔽了性能数据采集和转化的具体细节。

9.5.1 目标系统描述

网格上共享的资源首先是个人的，资源所有者对其资源有完全的控制权，能采用任意的资源监控工具和性能统计/分析方法，对外发布"非敏感"的状态数据。网格监控的一个重要内容就是通过查找资源的监控元数据(主要指资源的监控指标

"metrics"）来定位这些状态数据。我们在应用中发现，大多数用户往往不清楚具体监控指标所代表的涵义，他们对于资源监控方面的需求通常以一种很模糊的方式来表达，如在选择资源运行作业时使用的依据为"机器负载"，而不是"CPU 一分钟负载"、"剩余内存"、"等待作业个数"等具体的监控指标。

　　为了满足上述需求以及资源自治的原则，CGSV 允许资源所有者按照自己的意愿将共享资源进行建模和服务包装。具体的做法是，将物理资源抽象为逻辑实体，用 Web 服务资源加以描述；资源实体间的关系用 WSDM 规范的"关系（relationship）"来表达，而对外发布的监控元数据则实现为 WSRF 规范的"资源属性（resource property）"。下面我们通过一个集群建模的例子对此进行说明。

　　如图 9-4 所示，集群监控服务包含 Cluster、Host、Network 和 Process 等四种服务资源，这些服务资源之间具有特定的联系，服务资源在联系中所扮演的角色隐含了其对应的物理意义。具体的服务资源及其所维护的关系说明如下：

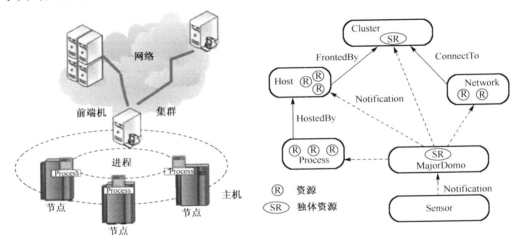

(a) 集群的建模示意　　　　　　　(b) 集群监控服务组成及其Relationship表示

图 9-4　集群的建模和服务封装

　　(1) Cluster，代表集群整体，为 singleton 模式的服务，是该集群对外的入口。该服务的独体资源（singleton resource）资源维护两种关系：①FrontedBy 用于描述机群和后台节点间的关系；②用于表示当前机群与其他机群的网络连接关系。

　　(2) Host，代表集群内部的一个计算节点，负责对外发布节点的监控指标信息。该服务的资源用"集群外部 IP-节点内部 IP"来唯一标识，维护有两种关系：①FrontedBy 用于从后台节点定位 Cluster 的 singleton 资源；②HostedBy 用于表示节点和其上当前被监测的进程的宿主关系。

　　(3) Process，代表节点上的一个进程，负责进程监控指标信息的发布情况。其每一个资源的标识为"集群外部 IP-节点内部 IP-进程 ID"，维护的关系为：HostedBy 用于从进程资源定位其宿主所对应的 Host 资源。

（4）Network，代表网络路径，发布的监控指标信息主要为带宽和延时这两项。该服务的资源使用"本地集群 IP-远程集群 IP"来唯一标志，维护一个关系：ConnectTo 可用于从当前的网络资源定位 Cluster 的 singleton 资源。

因为监控服务要同时支持 Pull 和 Push 两种数据获取方式，考虑到实现上的复杂性，在上述 4 个实体服务之外，我们还设置了一个用于接收性能数据采集器 sensor 通知的服务 MajorDomo，该服务也是 singleton 模式的。图 9-4 中这些服务资源之间可以通过 relationship 或 JNDI context 进行双向定位，通过服务资源维护的各种关系，可构成一个闭环的寻址定位结构，如图 9-5 所示。

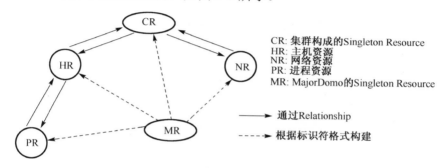

图 9-5　集群监控服务间的资源双向定位关系

最后需要指出的是，对资源建模的方法不是唯一的，图 9-4 的集群也可以表示为内部节点的集合，每个节点上可运行有多个进程，"内部节点"和"进程"这两类逻辑实体的关系可表示为 "HostedBy (1: N)"。由于不同的逻辑模型对物理资源的切入点不同，对资源在网格环境下如何被协同共享有着直接的影响；同时，不同的逻辑实体刻画不一样的对象，它们对外发布的监控元数据也不相同，而这直接影响到对监控数据的查询，因此用户在建模的时候一定要考虑自己的需求，选用最合适的表示方式。

9.5.2　内部工作过程

监控系统中实现资源状态信息收集的最核心部分在于监控服务与底层 sensor/adapter 的数据交换过程。图 9-6 和图 9-7 分别给出了监控服务的初始化过程和资源性能数据的更新过程。从图中可以看出，在监控服务初始化的过程中，除了对下层的探测器进行查找和定位之外，还涉及与上层注册中心（registry）和存档服务（archiver）之间的交互，这与我们所采用的 GridMon 逻辑模型的描述是一致的。

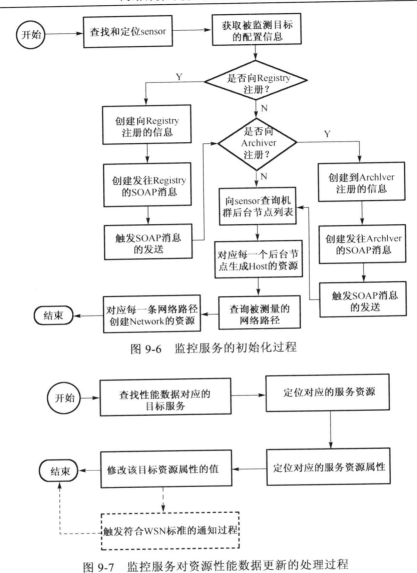

图 9-6　监控服务的初始化过程

图 9-7　监控服务对资源性能数据更新的处理过程

9.6　索引服务的实现

　　索引服务保存当前系统内所有监控服务的基本信息，如服务 URL、服务类型等，为系统提供一个全局的、实时的监控服务视图。它将监控服务按类型进行管理，保存它们的属性信息，方便用户查询和选择。

　　索引服务的主要功能分为三个部分：监控服务的软状态注册、监控服务的查询和索引服务的自动恢复，这三种功能分别对应于服务视图的生成与维护、对服务视图的查询与选择、服务视图的备份与恢复。

每个监控服务启动时都会调用索引服务的注册接口，该接口能够获取监控服务的基本属性信息。一旦获取这些信息后，索引服务就会在本地创建该监控服务对应的资源，对应的服务属性信息转化为该资源的属性。服务的属性信息定义可以在监控服务的 WSDL（web service description language）文件中找到，包括：

（1）ServiceStatus：布尔型，表示当前服务状态。

（2）ServiceURL：字符串，表示服务访问地址。

（3）ServiceNamespace：字符串，表示服务名字空间。

（4）ServiceType：字符串，表示服务类型，如 WSDM 等。

（5）ServiceTag：字符串，表示服务类别，如存档服务等。

（6）RelationshipTypes：字符串列表，每个字符串表示该服务拥有的 RelationshipType。

索引服务初始化时会在本地生成一个包含上述信息的资源 Registry，等待和未来注册的资源建立联系，方便之后的查询。对于注册完成的每个远程监控服务，索引服务都会在本地创建与之对应的资源，同时根据它们的类别建立和 Registry 之间不同的关系，具体见图 9-8。

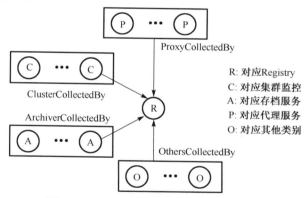

图 9-8　注册服务对监控服务的分类管理

因为监控服务的动态性（网格资源可以动态加入或退出），所以注册之后需要周期性检查其是否可用，然后更新对应资源的 ServiceStatus 值；如果长时间不可用，则可以认为该服务所在节点已经瘫痪或者不存在，将该服务注销掉，这种注册方法称为软注册。

9.7　代理服务的实现

代理服务提供的主要功能是代理订阅数据发布服务上的数据，为图形可视化模块提供当前系统活动视图的子集，即使用者关心并订阅的系统活动。因此，数据集

成是用户代理服务必须要面对的问题。目前的解决方案是用户代理服务高度抽象地
看待数据服务上报的数据，统一以 XML Document 对待。图 9-9 为代理服务的总体
结构。

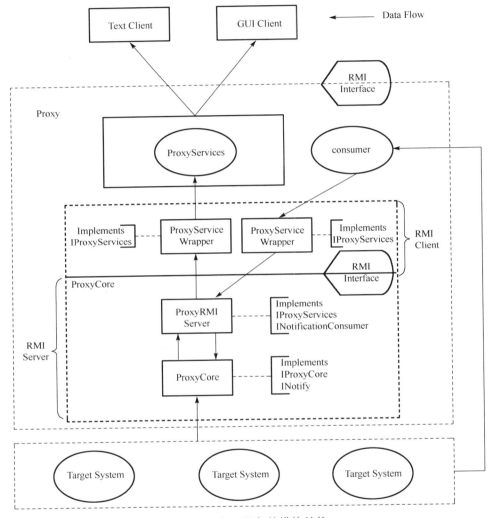

图 9-9　代理服务的模块结构

用户代理服务由三个模块组成：核心服务模块、AXIS 兼容 Web Service 包装服务和
MUSE 兼容 Web Service 数据监听服务。三个模块的内部通信(IPC)使用本地的 RMI 技术。

（1）核心服务模块是一个 RMI 服务器，提供了数据服务检索、数据订阅和数据
集成功能，其对数据服务的调用采用了最新的基于 Document 的 SOAP 调用方式，
而不是使用原始的基于 RPC 方式的 Stub 技术。

（2）AXIS 兼容 Web Service 包装服务是以服务的形式发布核心服务的功能。该模块采用的是 AXIS 兼容 Web Service 技术，目的是保证服务的移植性。模块中包含一个 RMI 客户端，通过对该 RMI 客户端的使用，模块包装发布了核心模块所提供的功能。

（3）MUSE 兼容 Web Service 数据监听服务遵循最新的 WSRF 规范，其作用是监听数据服务上报的订阅数据。该模块中同样包含一个 RMI 客户端，用于与核心模块通信，把监听到的数据转发给核心模块。

9.8   存档服务的实现

存档服务向用户提供一组统一的服务访问接口，方便用户对数据库进行操作，如创建表、插入数据、查询数据、执行任何一个 SQL 语句等。Archiver 遵循 WSRF/WSDM 规范设计开发，屏蔽了语义，从而实现了良好的通用性，其模块结构如图 9-10 所示，主要包括请求转发和数据库操作两部分。前者接受各资源监控服务创建性能数据存储表或添加性能数据的请求，或者代理服务的性能数据查询请求，并将请求传送至数据库操作模块，触发其对本地数据库进行相应的数据库操作。

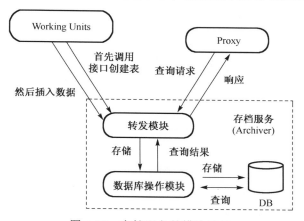

图 9-10   存档服务的模块结构

一些资源监控系统选择了 RRD（轮转数据存储技术）数据库来存储数据，如 Ganglia，它把历史数据和最新数据都存放在了 RRD 数据库中。和其他数据库比较，RRD 数据库确实有一些优点[7]：

（1）数据库周期轮转，自动覆盖，存储以时间长度为周期的数据时具有优势。

（2）可以在一个数据库文件中定义多个时间周期的数据。例如，可以在一个数据库文件里存储一周和一个月的数据，数据库在更新操作时会自动做插值和规约计算。

（3）RRD 数据库一般都带有比较强大的图形引擎，可以直接从数据库文件生成指定的曲线图、柱状图等。

（4）轻量级数据库，结构简单，对机器的需求较低。

在 CGSV 资源监控系统的设计中，我们发现 RRD 数据库存在一些缺陷，使得它不适合网格监控。

首先 RRD 数据库是轻量级的数据库，没有对 IO 读写方面的优化。随着数据库记录的数目增大，RRD 数据库的读写效率会降低。Ganglia 采用了降低数据采集时间间隔的办法来解决这个问题，如 Ganglia 记录周期为一天的数据时，每隔 30 秒记录一次，但是记录周期为一年的数据时，它每天记录一次，数据量不够。这种方法虽然降低了负载，但是对以后的历史数据分析不利。

此外，RRD 数据库没有事务处理，并发控制，当有多个用户同时去一个集群前端机查询数据时，会产生一个性能瓶颈。 RRD 数据库没有提供一个较好的数据查询接口，相关的命令参数比较多，用户不容易掌握。同时，RRD 数据库不支持通用的数据查询命令，如标准的 SQL 语句，这也使得 RRD 数据库查询功能比较单一。

综合以上因素，CGSV 在存档服务 Archiver 中采用了关系数据库 MySQL 来存放数据。当下面的集群有数据更新时，通过 Notification 的方式通知 Archiver 服务，然后 Archiver 服务把变化了的数据记录下来。集群前端机不存放历史数据，只保留当前最新的数据，相当于是一个最新数据的缓存。图 9-11 对这种存储方式进行了说明。

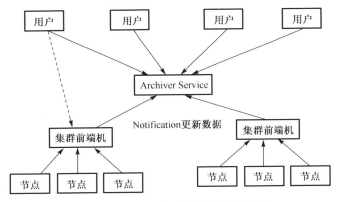

图 9-11　存档服务中的数据存储方案

采用 MySQL 数据库之后，由于支持标准的 SQL 查询，因而 Archiver 服务的查询功能比采用 RRD 数据库更为强大。另外，这种数据存储和查询方式还带来如下好处：减少了集群前端机的负载——集群前端机只响应当前最新数据的查询；减少了用户数据查询的复杂度，用户不需要和所有的集群通信，只需要访问 Archiver 服务即可。在实际部署时，一个域里可以有多个 Archiver 服务器，当访问用户过多时，可以通过添加多个 Archiver 服务器的方法来减少性能瓶颈的出现。由于集群前端机上仍然保留了最新数据的缓存，当用户对数据实时性要求比较高时，可以直接访问前端机获取数据。另外，这种方式还具有良好的可扩展性，如我们可以根据需要，在 Archiver 之上建立新的数据存储和提取服务，满足用户的个性化数据需求。

9.9　监控数据的应用

前述模块解决了监控数据的采集、传输以及保存等问题，要发挥出采集到的监控数据的最大价值才能体现出网格监控应有的作用，而这些工作是由应用模块完成的。由于应用的目的是多种多样的，这里只给出两个简单的例子。

9.9.1　监控数据的可视化展示

将采集到的数据展示给系统管理人员，供他们了解整个网格系统的运行情况是网格监控系统的基本要求和功能。目前，大多数网格监控系统采用可视化的展示方式，CGSV 也不例外。CGSV 的可视化工具主要采用地理信息系统（geographic information system，GIS）和浮动窗口技术来实现用户界面，并提供了丰富的观察方式，包括柱状图、饼状图、线状图、离散图、表格等。图 9-12 和图 9-13 是 CGSV 的两个用户界面，它们分别展示了从被监控主机中所收集的性能数据和被监控主机的内存总量，以及被监控主机的 CPU 空闲率历史记录。

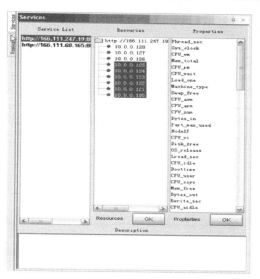
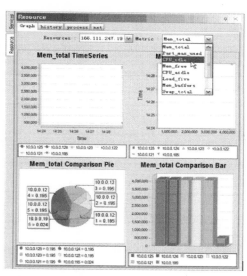

图 9-12　从被监控主机中所收集的性能数据、被监控主机的内存总量

9.9.2 网格记账溯源

与资源发现、服务合成、调度、安全等提供资源协同共享方面的功能不同，网格记账(accounting)提供系统经济方面的功能，是系统管理和运作的一项重要子内容，对于网格系统在实际中成功推广不可或缺[8]。网格记账溯源，简单地说，就是要跟踪用户请求的执行，记录资源的使用情况，并根据实际策略对相关内容(如资源报价、用户账目、费用预支等)进行统计，不仅表现系统当前的经济状态，同时也为向用户收费提供事实依据。

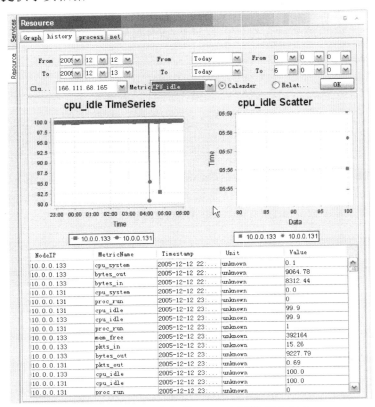

图 9-13 被监控主机的 CPU 空闲率历史记录

1. 服务框架

我们所设计的网格记账溯源服务(accounting provenance service，APS)的逻辑框架如图 9-14 所示[8]，主要包括以下模块。

(1)事件报备池：负责跟记账数据源交互，根据请求动态触发报备组。一个报备组包括一个报备器工厂和若干个报备器。每一个报备器负责收集单个资源/组件的记账数据，可以定期获取相关的工作日志，也可以接受目标对象上突发记账事件的通知。

（2）模板库：维护各类记账事件的模板，对外发布一套描述模板的通用标签和访问接口，提供将记账数据进行统一格式转化的依据。

（3）归档服务：并不是所有的记账事件都会被实时处理，更普遍的情况是将它们进行存档，以待日后使用。归档服务根据模板库中定义的记账事件模板将记账事件进行存档。

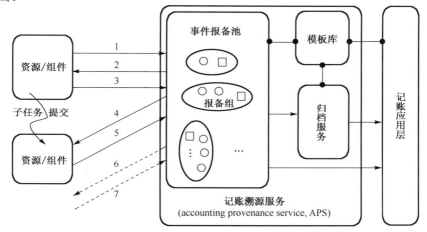

1. 资源/组件向事件报备池注册，初始化报备组和报备器环境；
2. 已有的报备器定期查询对应资源的记账数据；
3. 资源/组件向报备器通知突发的记账事件；
4. 报备器判断接收到的通知类型，如果是子流程的新增消息，
　 向本地报备器工厂请求生成新的报备器；新生成的报备器定期
　 查询子流程的目的资源/组件，获取记账数据；
5. 子流程的资源/组件定期向对应的报备器通知突发的记账事件；
6~7. 已有的报备器接收到突发的记账事件通知后，重复4~5

————▶ 带格式的记账事件流
□ 报备器工厂
○ 报备器
●—● 模板引用

图 9-14　记账溯源服务 APS 的逻辑框架

记账数据源与事件报备池的交互有两方面的内容：①报备组的初始化。记账数据源首先向事件报备池发送注册消息；事件报备池检索模板仓库，确定相关记账事件的种类，触发一个报备组，并通过该报备组的报备器工厂生成负责该记账数据源的报备器；②报备器主动收集数据和被动接受突发事件通知。报备器初始化后即可定期地去目标数据源上获取工作日志，分析其中的记账数据并按照模板转化为良好格式的记账事件流，发送至存档服务或高层记账逻辑进行处理；同时，记账数据源也可实时通知对应的报备器本地的记账事件；报备器解析通知数据的内容，如果是流程新参与方加入的信息（如调度子任务到其他资源上执行），则向报备器工厂发送触发新报备器的请求，由新生成的报备器负责采集新参与方的记账数据；如果报备器检测或接收到流程参与方退出的信息，则向报备器工厂发送结束信号，触发自身

的消亡过程；当报备器工厂检测到本报备组中已没有工作的报备器时，表示目标记账数据的采集工作已完成，可触发报备组的消亡过程。

从上面的过程可见，一个流程的分布式执行情况可以通过报备器的生成、销毁和报备器收集的记账信息来重现，子流程的派发和结束都有来自多个参与方的确认，从而限制了某一方不好的行为。通过这种方式 APS 能很容易地对一个记账条目进行"溯源"，防止单方面的虚假行为。

2. 记账模板

APS 中的模板采用 XML 标签来进行描述，图 9-15（a）为模板的基本结构：一个模板（<Template/>）对应一个记账范畴（"category"属性），并在模板库中有唯一标志（"id"属性），可包含一到多个该范畴内的记账事件（<AccountingEvent/>）；一个记账事件的定义包含一到多个字段（<AEContent/>和<Field/>），以及自定义的字段类型（<AEContentTypes/>和<AETypes/>）。采用这种描述机制，归档服务可方便地依据模板内容来生成后台记录的元数据（如数据库表格的 schema）。图 9-15（b）示例了一个用户行为的记账模板：UserAction 范畴内定义了"LogAction"、"Certificate"、"Register"和"UnRegister"这四种记账事件。

```
<Template id="xxx" category="xxx">
    <AccountingEvent type="xxx">
    <AEContentTypes>
    <AEType name>="xxx">
        XXXXX
    </AEType>
    ......
    </AEContentTypes>
    <AEContent>
    <Field name="xxx"type="xxx"/>
    </AEContent>
</AccountingEvent>
    ......
</Template>
```

(a) 模板结构

```
<Template id="UserActionTemplate"category="UserAction">
    <AccountingEvent type="LogAction">
        <AEContentTypes>……</AEContentTypes>
        <AEContent>……</AEContent>
    </AccountingEvent>
    <AccountingEvent type="Certificate">
        <AEContentTypes>……</AEContentTypes>
        <AEContent>……</AEContent>
    </AccountingEvent>
    <AccountingEvent type="Register">
        <AEContentTypes>……</AEContentTypes>
        <AEContent>……</AEContent>
    </AccountingEvent>
    <AccountingEvent type="UnRegister">
        <AEContentTypes>……</AEContentTypes>
        <AEContent>……</AEContent>
    </AccountingEvent>
</Template>
```

(b) 用户行为事件模板示例

图 9-15　记账模板的结构与示例

3. 记账过程示例

本节通过两个例子来说明 APS 与 CGSP 和 CGSV 之间的交互，这两个例子分别是简单的用户行为记账和复杂的作业执行现场记账。

1）用户行为记账

用户行为记账旨在对网格系统中的用户行为（如资源使用偏好、在线时间等）进行统计分析，除了记账用途外，还可进一步总结用户需求，为系统的维护和升级提供依据，促使系统服务能力的提高。管理员事先制定如图 9-15(b) 所示的用户行为的记账模板，并添加到模板库中。具体的记账方案如图 9-16 所示[8]，其详细说明如下。

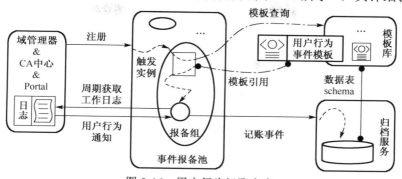

图 9-16　用户行为记账方案

与用户行为关系密切的 CGSP 组件主要是域管理器、CA 中心和 Portal。用户从 CA 获得证书，在域管理器中注册后才能在 Portal 登录，之后方能使用资源——因此这三个组件是用户行为的主要记账数据源。用户在这些组件中的行为相对独立，故方案中采用了"singleton"模式的报备组(即只有一个报备器)来采集用户行为数据。以 Portal 为例，它向 APS 注册时提交其记账数据的范畴和事件类型(假设分别为图 9-15(b) 中的"UserAction"和"LogAction")，事件报备池触发对应该 Portal 的报备组，其报备器工厂向模板库查询"UserAction/LogAction"的定义，并初始化唯一的报备器来负责采集 Portal 中的用户行为数据。如果 Portal 保存有完整的工作日志，报备器可定期获取请求其日志，也可由 Portal 采用通知的形式将用户行为发送至报备器，或者两种方式同时使用。报备器将来自 Portal 的用户行为数据按模板进行组织，生成记账事件，发送至归档服务保存。

2) 作业执行现场记账

作业执行现场记账需要详细地记录资源使用状况，如所占用资源的 CPU 负载、内存使用、网络带宽等。此外，对于一个需多方协作完成的复杂作业(如工作流)，不仅涉及子流程在资源上的执行现场问题，还需要确认子流程提交执行的事实，尽量降低资源不诚实的行为所造成的影响。考虑到这些因素，APS 对作业执行现场进行记账的方案如图 9-17 所示[8]，它要比用户行为记账复杂得多。

在 CGSP 中作业的调度和任务的执行分别由作业管理器和通用运行服务 GRS(general running service) 负责，它们所在的资源上都部署有 CGSV 的资源性能采集器 Sensor。当用户作业在作业管理器中开始被调度时，作业管理器将发送新报备组的请求到事件报备池；新的报备组被实例化后，其报备器工厂检索作业现场事件模板，触发负责对该作业调度部分进行记账的报备器(为区别起见，称为"流程报备器")。流程报备器定期查询作业管理器中该作业的调度情况，或接收作业管理器发送的子任务提交通知；流程报备器得到任务派发的信息后向报备器工厂提交新报备器的请求，新报备器(称为"任务报备器")将负责对目标节点上的子任务执行现场进行记账——定期查询 Sensor 获取子任务在节点上的资源占用情况，或接受 GRS 的任务进度通知。报备器将收集到的流程调度状态、子任务占用资源的数据根据作业现场记账模板生成记账事件，发送到归档服务保存。当接收到 GRS 的任务结束或作业管理器的调度完毕的通知时，对应的报备器结束记账任务，报备器工厂"回收"该报备器。当报备器工厂检测到报备组中没有报备器时，该报备组对应的作业现场记账任务完成。

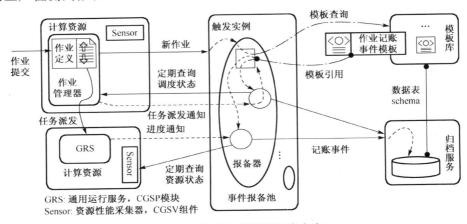

图 9-17　作业执行现场记账方案

参 考 文 献

[1] Jin H. Chinagrid: making grid computing a reality. Digital Libraries: International Collaboration and Cross-Fertilization, Lecture Notes in Computer Science Volume, 2004, 3334: 13-24.

[2] 武永卫，吴松. ChinaGrid 核心中间件 CGSP2.0 版实现高效网格服务. 中国教育网络, 2006, (6): 32-33.

[3] 刘琳. 网格资源管理中监控系统与授权模型的研究. 北京：清华大学硕士论文，2006.

[4] 李良杰. 网格资源监控系统的研究与实现. 北京：清华大学硕士论文，2006.

[5] Sottile M J, Minnich R G. Supermon: a high-speed cluster monitoring system. Proceedings of the IEEE International Conference on Cluster Computing, IEEE Computer Society, 2002.

[6] Zheng W M, Liu L, Hu M Z, et al. CGSV*: an adaptable stream-integrated grid monitoring system. NPC 2005, Lecture Notes in Computer Sciences, 2005, 3779: 22-31.

[7] RRDtool. http://oss.oetiker.ch/rrdtool/. 2010.

[8] 胡美枝，郑纬民，杨广文. 基于报备池和模板的网格记账溯源服务. ChinaGrid 年会，华中科技大学学报(自然科学版)，2006, 34(S1): 29-32.

第三篇　网格互操作

网格互操作框架

10.1 网格互操作中的基本概念

10.1.1 作业

关于作业的概念，可以理解为命令，可以是执行一条简单的 Shell，也可以是运行其他的大型软件。一个作业可以运行于一台独立的机器上，像日常生活工作中使用的大多数软件；一个作业也可以运行于多台机器上。当然，由多个机器共同完成一个任务是一件相对复杂的事情，涉及并行计算技术(如 MPI、OpenMP)和批作业管理技术(如 PBS、LSF、Condor、Slurm 等)。

10.1.2 批作业执行系统(批作业操作系统)

在早期计算机的计算能力低下的时期，家用 PC 尚未普及，计算任务都是由机房中的大型计算机完成的。而由于大型计算机计算能力强，往往很多程序员共同使用一台大型计算机，每个程序员都会提交一些计算任务(或被称为作业)，批作业系统就是为了管理这些作业的执行顺序以及执行效率而产生的。如今，大型计算任务需要多台计算机协作完成，而计算中心每天仍然需要面对大量来自科学界以及工业界的计算任务。以中国国家网格的中国科学院计算机网络信息中心为例，其每时每刻都在执行着上千个作业，另外有数百个作业还在排队等待执行。因此一个成熟的系统用于管理这些作业的执行就显得尤为必要了。

批作业执行系统在开始仅仅负责管理作业的调度以及执行，而后随着用户需求的增加，其进一步继承了系统监控、文件系统、故障处理等多方面功能。

10.1.3 网格中间件

作业需要表达为多台机器所能识别的描述，才可以由批作业管理系统执行，但网格作为一个复杂的资源共享环境，在网格不同的区域往往会使用不同的批作业管理系统。如图 10-1 所示，LSF PBS 以及 Condor 都是由不同开发者开发的软件，且三者均为批作业管理系统，三者之间无法理解对方使用的作业描述。

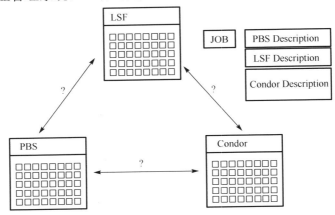

图 10-1　不同的批作业管理系统都有自己的作业描述方式

但是作为一个网格用户，其当然希望仅仅用一种作业描述语言就可以把作业提交到网格中的各种资源当中。这时，就需要一个软件屏蔽底层批作业软件的差异，保证用户用一种作业描述语言描述的作业可以在所有的资源中运行。例如，在中国国家网格中，主要使用的是由中国科学院计算技术研究所基于织女星网格操作系统开发的 GOS（grid operating system）。网格资源的使用者只需要按照一个标准的作业描述方式（如 JSDL）提交作业，GOS 会根据配置将作业以不同格式分发在部署好的各个批作业管理系统中运行并进行集中的管理，而使用者不需要知道这些执行的细节，如图 10-2 所示。

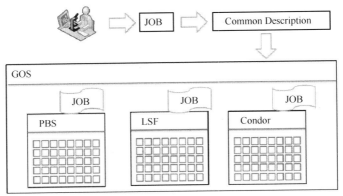

图 10-2　GOS 将作业进行分发管理

中国国家网格（简称 CNGrid[1]）是在国家 863 计划的支持下研究开发的。CNGrid 网格基础设施采用自主开发的网格中间件 CNGrid GOS 连接，形成一个开放的网格环境，为各种类型的上层应用提供支持。CNGrid 通过支持资源共享及服务协同，对部署在整个环境中的各种应用提供了有效的支撑作用，为科学研究、技术开发以及应用研发部署提供了网格试验床。

目前在 CNGrid 各个节点部署的 GOS 软件版本是 2010 年 11 月发布的 CNGrid GOS 4.0 版。CNGrid GOS 提供了面向底层资源的核心服务和面向应用的系统服务。此外，还有一批行业与领域的网格应用系统在 CNGrid 上运行，包括科学数据网格 (SDG)、生物信息网格 (BAGrid)、新药发现网格 (DDGrid) 等。

前文提到的 CGSP 也是一种网格中间件系统。

10.1.4　作业描述语言 (JSDL)

JSDL[2] (job submission description language) 是一种作业描述语言，描述作业提交的参数，如要求执行的系统体系结构、资源需求、文件存储方式、执行的程序、执行的相关参数、作业的工作目录、输入输出文件等。

JSDL 规范的制定来源于两种情况的考虑。首先，许多组织需要适应于各种各样的作业管理系统，每个系统都有自己的语言来描述作业提交的需求，这使得系统之间的互操作工作管理困难。为了充分利用各系统之间的资源，这些组织必须维护多个不同形式的作业提交。一个标准的作业语言可以缓解这一问题。其次，网格环境中涉及大量的不同类型的作业管理系统之间的交互。作业提交的描述可能在初始提交的情况之后有所改动或重新描述。引入 JSDL 标准，所有这些交互可以自动进行。并且作业可以很方便地被转换成各个系统自身的语言。

10.1.5　互操作

互操作是指不同应用程序之间能够理解并且执行对方已有的命令，实现协同工作的能力。常见的互操作实现方式包括通过第三方支持应用之间作业提交和数据交换，以及采用相同的协议支持应用之间进行数据读写操作等。已有的网格中间件采用了多种差异较大的软件体系结构以及不同类型的通信协议，因此实现不同网格中间件之间互操作是一个很大的挑战。作业提交、状态监控、结果文件传输以及数据管理等都是实现互操作时必须考虑的内容。目前，网格发展的一个趋势就是网格系统要具有良好的兼容性，能与不同网格平台实现互操作，包括数据互操作、作业互操作和信息互操作等。使不同网格系统能够进行计算资源和数据资源的共享，进而实现协同工作的能力。

10.2　网格互操作的基本方法和主要因素

网格基础设施之间的互操作是一个复杂的问题，可分为不同层次。国内外部署的主流网格系统都遵循了类似的五层沙漏结构 (five-level sandglass architecture) 参考模型[3] (图 10-3)，基于此模型的互操作可以集中围绕在作业层面展开。

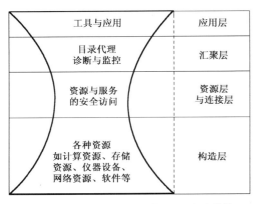

工具与应用	应用层
目录代理 诊断与监控	汇聚层
资源与服务 的安全访问	资源层 与连接层
各种资源 如计算资源、存储 资源、仪器设备、 网络资源、软件等	构造层

图 10-3　网格系统的经典五层沙漏结构

作业涉及了描述、提交、管理、执行、调度等，其中与互操作有关的内容有：

（1）任务描述语言，网格用户采用任务描述语言来描述准备执行哪种类型的操作以及这些操作将如何执行。

（2）任务提交方式，指网格用户通过何种方式将作业请求提交到网格系统中。

（3）资源发现方式，指网格系统持有的计算资源、存储资源等采取何种方式被终端用户发现并且使用。

（4）资源选择策略，指存在多个可用资源的情况下，如何选择可用的资源。

（5）数据传输方式，指作业处理过程中使用到的数据如何被传输到指定位置以及处理结果如何返回给网格用户。

（6）安全机制，涉及网格系统以及网格系统用户的安全，用来确保网格系统的资源能够安全可靠被网格用户共享使用。

因此，实现网格基础设施之间在批作业层面的互操作，需要从任务描述语言、任务提交方式、资源发现方式、资源选择策略、数据传输方式以及安全机制等六个方面解决问题。

通过对国内外主流网格系统的分析，得出各系统在这六个方面的对比结果，如表 10-1 所示。

表 10-1　国内外主流网格系统对比分析

	CGSP[4]	CROWN[5]	GOS[6]	Globus[3]	gLite[7]	GRIA[8]	Unicore[9]
任务描述语言	JSDL	JSDL	JSDL	RSL	JDL	JSDL	JSDL
任务提交方式	Web 服务接口、命令行接口、Portal 界面	Portal 界面、Web 服务接口	Portal 界面、Web 服务接口、命令行接口	命令行接口、Web 服务接口	命令行接口、Web 服务接口以及 API 接口	Web 服务接口、图形化客户端	Web 服务接口、命令行客户端、图形化客户端、Portal 界面
资源发现方式	资源将自身封装发布为一个服务并且支持调度器查询	资源将自身发布到信息服务中，调度器通过查询信息服务的方式获取资源信息	资源将自身发布到信息服务中，调度器通过查询信息服务的方式获取资源信息	资源将自身封装发布为一个服务并且支持调度器查询	资源将自身发布到信息服务中，调度器通过查询信息服务的方式获取资源信息	资源将自身发布到信息服务中，通过查询信息服务的方式获取资源信息	资源将自身发布到注册中心，通过查询信息服务的方式获取资源信息

	CGSP[4]	CROWN[5]	GOS[6]	Globus[3]	gLite[7]	GRIA[8]	Unicore[9]
资源选择策略	大多数情况下，网格用户直接指定使用的资源，同时提供对第三方调度器的支持	调度器选择最合适的资源，然后将作业发送到相应的资源处理	调度器选择最合适的资源；同时支持网格用户直接指定使用的资源	大多数情况下，网格用户直接指定使用的资源，同时提供对第三方调度器的支持	采用资源调度模块选择最合适的计算节点	通常情况下，网格用户直接指定使用的资源	通常情况下，网格用户直接指定使用的资源
数据传输方式	作业处理结果将被输出到指定位置，主要采取GridFTP协议以及HTTP协议作为数据传输方式	网格系统为作业分配临时的存储空间，作业执行结果信息被自动写回到作业提交节点，主要采取FTP协议以及SOAP协议作为数据传输方式	网格系统为作业分配临时的存储空间，作业执行结果信息会被自动写回到作业提交节点，主要采取FTP协议以及SOAP协议作为数据传输方式	作业处理结果将被输出到指定位置，主要采取GridFTP协议以及HTTP协议作为数据传输方式	将作业处理结果输出到指定位置或者保存网格系统维护的仓储空间，主要采取GridFTP协议作为数据传输方式	作业的输入、输出结果将被输出到用户指定的数据服务，主要采取HTTPS的数据传输方式	作业的输入、输出结果将被输出到用户指定的数据服务，作业执行过程中为用户分配临时存储空间，支持ByteIO、HTTP、GridFTP、UDT等多种数据传输方式
安全机制	采用PKI体系结构以及代理证书的机制	采取PKI体系结构以及消息加密方式	采取PKI体系结构以及消息加密方式	采用PKI体系结构以及代理证书的机制	采用PKI体系结构以及代理证书的机制，并且通过扩展X509证书的方式提供对虚拟组织的支持	采取PKI体系结构以及消息加密方式，通过扩展X509证书的方式提供对虚拟组织的支持	采用PKI体系结构以及代理证书的机制

各种网格系统的互操作方式也不尽相同，主要有以下五种常用方法。

(1)用户驱动方式。由网格用户或是用户社区(VO)自己负责对网格工作负载进行划分，然后将划分后的任务通过不同的网格任务接口提交到不同的网格系统上去执行。这种方式的缺点在于，网格用户或用户社区需要了解不同网格的接口，缺乏灵活性；需要用户主动地对工作负载进行划分，加大了用户使用网格资源的难度；同时，不同用户或社区都有各自不同的实现方式，导致在互操作功能上重复开发，浪费大量人力、物力。

(2)并行部署方式。在同一资源基础设施上同时部署多套网格系统，不同的用户根据自己的喜好和习惯通过不同的网格接口使用网格系统。这种方式的缺点在于，用户能使用的网格系统类型和数量受限于部署情况，缺乏灵活性；同时，不同的网格系统的运行对底层资源的需求不尽相同，加大了资源投资上的开销；对网格管理提出了更高要求，站点管理员需要对所部署的所有网格系统都很熟悉和了解。

(3)网关方式。不同的网格系统被作为一个单独的资源接入到另一个网格系统中来。当用户需要访问另一个网格系统时，他只需要向代表这个网格系统的网关资源发出请求，由这个网关资源翻译、转发到另一个网格系统中去。这种方式的缺点在于，当网关承载太多的访问请求时很有可能形成单点失效。

(4)适配器和翻译器方式。为不同的网格系统开发特定的适配器和翻译器，适配器运行于用户端，翻译器运行于服务端。不同的用户端适配器具有统一的访问接口，用户通过统一访问接口访问后端的不同的网格系统。服务端翻译器将用户端适配器发送到请求翻译转化为本地可以识别的请求，提交网格系统执行。这种方式的缺点在于，需要对现有的网格系统进行修改，并且需要为不同的网格系统分别开发适配器和翻译器。

(5) 通用接口方式。不同的网格系统采用通用的接口，用户访问不同的网格系统使用统一的方式。这种方式的缺点在于，通用接口需要制定统一的规范和标准，这涉及安全、资源信息、数据管理、作业管理等网格管理的各方面。另外，推行标准过程中需要解决部署、监控、支持、知识发布、记账等各方面的问题，因而需要长时间的过程。

现有的网格互操作方案包括中短期方案、长期方案以及应用端适配转换方案等。中短期方案需要修改增添现有的部件或者使用互操作网关，每两个网格之间都要单独配置，工作量大、耦合度高。长期方案是改变现有的网格部件来适配于相对统一的接口标准以供分布式开发者调用，这种方式加大了应用开发的难度和强度，并且兼容性差。应用端适配转换方案是指分布式应用调用统一的 Client 平台提供的 API，Client API 通过适配接口同各网格进行数据、状态等信息的交换。图 10-4 表示了这三种方案的差异。

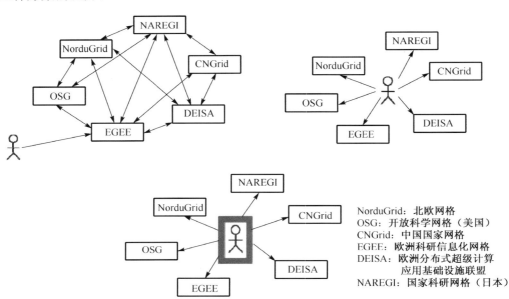

NorduGrid：北欧网格
OSG：开放科学网格（美国）
CNGrid：中国国家网格
EGEE：欧洲科研信息化网格
DEISA：欧洲分布式超级计算
　　　　应用基础设施联盟
NAREGI：国家科研网格（日本）

图 10-4　三种不同的互操作方案

通过上述的分析和讨论，我们可以得出以下几个结论：第一，互操作性

(interoperability)指不同的计算机系统、网络、操作系统和应用程序一起工作并共享信息的能力，网格互操作的目的是将不同的网格基础设施融合为一个统一的基础设施，实现广域网环境下资源的共享和协同，因此互操作性分为不同的级别；第二，对于互操作标准规范而言，最好的方式还是在不同的网格系统之间建立统一的信息规范和标准，包括数据结构、格式、语法、通信协议等静态的标准规范，以及服务过程、组合、注册、发现等方面的规范，互操作性级别/程度不同，互操作标准的内容也不同；第三，网格互操作标准化原则上考虑可操作性、可检验性和可持续性三方面的问题。可操作性方面，要广泛调查、立足事实、突出重点，避免大而全，尽量避免修改已有的网格系统，保护已有各网格系统的特点；可检验性方面，标准与试验同步进行，见效果；可持续方面，可以不断完善，有实用意义。

10.3 网格互操作模型

网格互操作旨在屏蔽使用了不同中间件、运营策略以及处于不同管理域下的网格基础设施之间的不同，将不同类型的网格资源标准化，实现不同虚拟组织间网格资源的共享和协同。可以在异构网格系统的不同技术层次实现不同程度的互操作，如在协同层实现作业的互操作、在消息层实现消息的互操作，以及在数据层实现数据的互操作。

通常，网格互操作需要解决异构网格系统的作业互操作、数据互操作和安全互操作三个层面的问题。

网格作业互操作指不同的网格作业管理系统提供统一的作业提交与管理接口，通过这个统一的接口，客户端可以透明地访问异构的作业管理系统。

网格数据互操作指不同的网格数据存储系统提供统一的文件访问与存储资源管理接口，通过这个统一的接口，客户端可以透明地访问异构的存储系统，而不需要改动底层的文件传输协议。

安全互操作指针对不同网格系统所采用的安全机制，如安全令牌、安全协议等相关技术，实现异构资源的访问。

网格作业互操作和网格数据互操作可以采用一致的方法，即通用接口与适配器机制相结合的互操作方法(图 10-5)。

需要互操作的异构网格系统分别实现适配器，该适配器实现了通用的互操作接口。异构网格系统通过该通用接口暴露已有的服务和资源；应用客户端通过该通用接口提交作业、访问数据。通用接口定义了网格系统对外一致的编程接口和交互协议，用户不需要了解不同网格的特定细节，而只需要遵循统一的规范便可以在异构的网格系统之间交换信息。

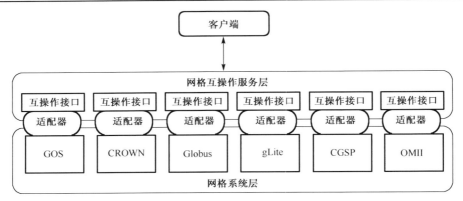

图 10-5　网格互操作参考模型

10.4　网格作业互操作

10.4.1　网格作业互操作方法

网格作业互操作定义统一的作业描述和访问接口规范，不同的网格中间件通过实现符合该规范定义的适配器，屏蔽了底层系统之间的异构性,对外提供通用的作业操作服务，从而可以实现作业在异构的网格中间件之间的互操作。具体参考模型如图 10-6 所示。

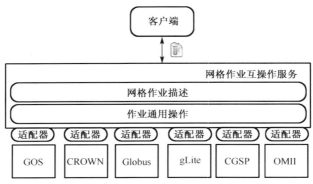

图 10-6　网格作业互操作参考模型

10.4.2　网格作业描述

1．作业识别类信息描述

作业识别类信息描述了作业的基本状况，用于更好地描述以及识别一个作业。它包括以下 4 类信息。

（1）作业名称（job name）。定义：提交的作业的名称。数据类型：String。

（2）作业描述（job description）。定义：描述作业的信息。数据类型：String。

（3）作业声明（job annotation）。定义：也是作业的描述信息，但是不同于作业描述的是其可能携带一些用于作业系统的信息。数据类型：String。

（4）作业所属工程（job project）。定义：描述该作业所属的工程，工程名则可预留给处理系统如访问控制或者作业记账中使用。数据类型：String。

2. 作业需求资源描述

作业需求资源则用于描述作业在系统运行过程中需要系统提供的资源，各类可描述资源如下。

（1）可选主机（candidate host）。定义：选出一组逻辑上的可以用以执行该作业的主机。数据类型：String（主机名）。

（2）文件系统（file system）。定义：该作业对文件系统的需求描述。数据类型：复合类型，包含的子类型有文件系统描述（String）、文件系统类型（String）、硬盘空间（Long）。

（3）是否独占执行（exclusive execution）。定义：指明该作业是独自占用资源还是可以与其他作业共享资源。数据类型：Boolean。

（4）操作系统（operating system）。定义：该作业对操作系统的需求描述。数据类型：复合类型，包含的子类型有操作系统类型描述（String）、操作系统名称描述（String）、操作系统描述（String）。

（5）CPU 构架（CPU architecture）。定义：该作业所需要的 CPU 构架。数据类型：String。

（6）单个 CPU 速度（individual CPU speed）。定义：描述该作业所需的单个 CPU 的主频范围。数据类型：Long。

（7）单个 CPU 运行时间（individual CPU time）。定义：描述该作业在每个 CPU 上运行的时间范围。数据类型：Long。

（8）单个资源 CPU 数量（individual CPU count）。定义：描述该作业在每个计算单元上应持有的 CPU 数量。数据类型：Long；

（9）单个资源带宽（individual network bandwidth）。定义：描述该作业对每个计算单元的带宽的描述。数据类型：Long。

（10）单个资源内存（individual physical memory）。定义：描述该作业对单个计算单元的物理内存需求。数据类型：Long。

（11）单个资源硬盘空间（individual disk space）。定义：描述该作业所需单个计算单元的空闲硬盘空间。数据类型：Long。

（12）单个虚拟内存（individual virtual memory）。定义：描述该作业所需的单个计算单元的虚拟内存。数据类型：Long。

（13）总 CPU 时间（total CPU time）。定义：描述该作业总共使用的 CPU 时间。数据类型：Long。

（14）总 CPU 数量（total CPU count）。定义：描述该作业总共使用的 CPU 数量。数据类型：Long。

（15）总物理内存（total physical memory）。定义：描述该作业总共使用的物理内存。数据类型：Long。

（16）总硬盘空间（total disk space）。定义：描述该作业在总共使用的硬盘空间。数据类型：Long。

（17）总资源使用量（total resource count）。定义：描述该作业所需使用计算节点总量。数据类型：Long。

10.4.3　通用接口

1. 数据类型定义

1）操作请求的返回结果（RequestResult）

```
typedef  struct {
    ResultCode    resultCode;
    String        resultDescription
} RequestResult
```

其中，resultCode 表示某个操作请求返回结果的代码表示。resultDescription 是对于代码的文字性描述。

2）结果代码（ResultCode）

```
enum  ResultCode {
    JOB_SUBMIT_SUCCESS,
    JOB_SUBMIT_AUTHORIZATION _FAILURE,
    JOB_EXECUTION_REFUSE,
    UNSUPPORTED_FEATURE,
    NO_ENOUGH_RESOURCE,
    JOB_STATUS_SUCCESS,
    UNKNOWN_JOB_IDENTIFIER,
    JOB_STATUS_AUTHORIZATION _FAILURE,
    JOB_TERMINATE_SUCCESS,
    JOB_ TERMINATE _AUTHORIZATION _FAILURE
}
```

当服务端不支持某个操作时，返回错误代码 OPERATION_NOT_SUPPORTED。

3) 作业状态 (JobStatus)

```
enum  JobStatus {
    RUNNING,
    FINISHED,
    CANCELLED,
    QUEUING,
    FAILED
}
```

　　其中，**RUNNING** 表示当前作业正在执行过程中，还未执行完毕；**FINISHED** 表示当前作业已经成功执行完毕；

CANCELLED 表示当前作业在还未执行完毕时就已经被终止；**QUEUING** 表示作业正在网格作业队列中排队，还未开始执行；**FAILED** 表示作业在执行过程中发生错误而被迫中断。各个状态之间的转移模型如图 10-7 所示。

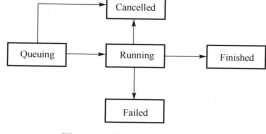

图 10-7　作业状态转移模型

　　2. 提交作业 (submit job)

1) 功能

　　本操作用于提交一个作业到网格系统中执行，提交成功之后作业即进入网格作业队列中进行排队，等待执行。

　　2) 输入参数

XML Document　　**jobDescription**
参数说明：

jobDescription：用于描述作业的内容，包括作业的执行方式以及对资源的需求等。

　　3) 输出参数

RequestResult　　requestResult,
String　　　　　jobIdentifier
参数说明：

requestResult：客户端发出请求后，服务端返回当前请求的结果。

jobIdentifier：如果请求成功，jobIdentifier 返回服务端为作业生成的标志符，用户可以根据该标识符调用 GetJobStatus 操作来查看作业执行过程中的状态；如果请求不成功，jobIdentifie 返回为 "NULL"。

4) 结果代码

请求成功：

JOB_SUBMIT_SUCCESS：作业提交成功，服务端已经将作业放入网格作业队列中进行排队。

请求不成功：

JOB_SUBMIT_AUTHORIZATION_FAILURE：服务端拒绝执行当前作业中指定的操作，表明提交任务的用户不具有执行此操作的授权。

JOB_EXECUTION_REFUSE：服务端由于自身的一些策略，可能拒绝执行新的任务。

UNSUPPORTED_FEATURE：作业描述中包含一些服务端不支持的属性标签。

NO_ENOUGH_RESOURCE：服务端无法提供作业描述中请求的资源数量。

3. 获取作业状态 (get job status)

1) 功能

本操作用于查询当前作业执行过程中的状态，客户端用先前提供的 jobIdentifier 作为参数，可以获得对应的作业在服务端的执行情况。

2) 输入参数

String   jobIdentifier

参数说明：

jobIdentifier：作业标志符，由服务端在作业提交时生成。

3) 输出参数

RequestResult   requestResult,

JobStatus   jobStatus

参数说明：

requestResult：客户端发出请求后，服务端返回当前请求的结果。

JobStatus：如果请求成功，JobStatus 返回当前任务的状态；如果请求不成功，JobStatus 返回为 NULL。

4) 结果代码

请求成功：

JOB_STATUS_SUCCESS：作业状态查询成功，相应的作业状态信息已经返回。

请求不成功：

UNKNOWN_JOB_IDENTIFIER：提供的作业标志符不正确，无法获取到相应的状态信息。

JOB_STATUS_AUTHORIZATION_FAILURE：服务端拒绝执行作业状态查询操作，表明用户不具有执行此操作的授权。

4．结束作业 (terminate job)

1）功能

本操作用于结束一个已经提交的作业，如果某个作业已经执行完毕，则本操作不执行任何额外的动作。

2）输入参数

String　　　jobIdentifier

参数说明

jobIdentifier：作业标志符，由服务端在作业提交时生成。

3）输出参数

RequestResult　　　requestResult

参数说明

requestResult：客户端发出请求后，服务端返回当前请求的结果。

4）结果代码

请求成功：

JOB_TERMINATE_SUCCESS：作业已经被成功的结束。

请求不成功：

UNKNOWN_JOB_IDENTIFIER：提供的作业标志符不正确，无法找到相应的作业。

JOB_ TERMINATE _AUTHORIZATION _FAILURE：服务端拒绝执行作业结束操作，表明用户不具有执行此操作的授权。

10.5　网格数据互操作

10.5.1　网格数据互操作方法

网格数据互操作通过一组通用接口规范，定义了一致的编程接口和交互协议，用户不需要了解不同网格存储系统的特定细节，而只需要遵循统一的规范便可以在异构的系统之间交换信息。在实现方法上，互操作的网格存储系统需要实现各自的适配器，以该标准的通用接口对外提供统一的服务，从而屏蔽各存储系统底层之间的异构性，实现透明的数据传输、文件管理等操作，如图 10-8 所示。

在图 10-8 中，底层是各种存储系统，可以被不同的网格系统采用，即使在同一种网格系统中，也可能采用不同的存储系统，如分布式网络文件系统 NFS、Lustre、GPFS 等，分布式的集群存储系统 DPM、HDFS 等，以及海量分级存储系统 CASTOR 等。各种存储系统如果在网格环境中统一使用，必须要实现适配器，以支持网格数据互操作层定义的通用接口。

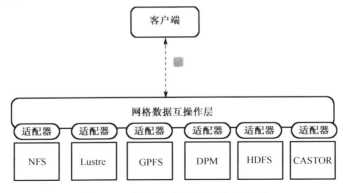

图 10-8　网格数据互操作参考模型

10.5.2　数据类型定义

1. 网络类型

enum　　　TConnectionType　　{ WAN,　LAN }
标识网络类型为广域网或者局域网。

2. 网格管理服务器运行状态

enum TGdmRunStat {RUNNING, STOP, SUSPEND}
　　网格管理服务器的运行状态，包括 RUNNING（正在运行）、STOP（停止）、
SUSPEND（挂起）。

3. 覆盖模式

```
enum   TOverwriteMode {
    NEVER,
    ALWAYS,
    DIFFERENT
}
```

　　在上传一个文件到存储系统时，需要指定覆盖模式。NEVER 表示从不覆盖、
ALWAYS 表示总是覆盖，DIFFERENT 表示文件不同时覆盖。所谓文件不同，可能
是因为声明的文件大小与真实的文件不同，也有可能是将要上传的文件检验码与真
实文件不同。

4. 返回代码

```
enum TStatusCode {
    GDM_SUCCESS,
```

```
    GDM_FAILURE,
    GDM_AUTHENTICATION_FAILURE,
    GDM_AUTHORIZATION_FAILURE,
    GDM_INVALID_REQUEST,
    GDM_INVALID_PATH,
    GDM_FILE_LIFETIME_EXPIRED,
    GDM_SPACE_LIFETIME_EXPIRED,
    GDM_EXCEED_ALLOCATION,
    GDM_NO_USER_SPACE,
    GDM_NO_FREE_SPACE,
    GDM_DUPLICATION_ERROR,
    GDM_NON_EMPTY_DIRECTORY,
    GDM_TOO_MANY_RESULTS,
    GDM_INTERNAL_ERROR,
    GDM_FATAL_INTERNAL_ERROR,
    GDM_NOT_SUPPORTED,
    GDM_REQUEST_QUEUED,
    GDM_REQUEST_INPROGRESS,
    GDM_REQUEST_SUSPENDED,
    GDM_ABORTED,
    GDM_RELEASED,
    GDM_FILE_PINNED,
    GDM_FILE_IN_CACHE,
    GDM_SPACE_AVAILABLE,
    GDM_LOWER_SPACE_GRANTED,
    GDM_DONE,
    GDM_PARTIAL_SUCCESS,
    GDM_REQUEST_TIMED_OUT,
    GDM_LAST_COPY,
    GDM_FILE_BUSY,
    GDM_FILE_LOST,
    GDM_FILE_UNAVAILABLE,
    GDM_CUSTOM_STATUS
  }
```

当服务器不支持某个接口方法，或者不识别输入参数时，要返回错误代码 **GDM_NOT_SUPPORTED**。

5. GET 文件请求类型

```
    typedef  struct {
        anyURI              sourceURL;
```

```
    unsigned long  offset;
} TGetFileRequest
```

其中，sourceURL 是要下载的文件地址，必须要指定。offset 是传输文件的指针偏移值，适用于进行断点传输。

6. PUT 文件请求类型

```
typedef   struct {
    anyURI            targetURL;
    unsigned long  declaredFileSize;
} TPutFileRequest
```

其中，targetURL 是要上传到存储系统中的地址，必须要指定。declaredFileSize 声明将要上传的文件大小，服务器根据此项预留空间。

7. 返回状态

```
typedef   struct {
    TStatusCode      statusCode;
    string           statusMessage;
} TReturnStatus
```

8. 文件访问请求状态

```
typedef   struct {
    anyURI            URL;
    TReturnStatus   status;
    unsigned long   fileSize;
    int             estimatedWaitTime;
    int             remaininglifeTime;
    anyURI          transferURL;
    string []       transferProtocol
} TFileRequestStatus
```

9. 网络参数

```
typedef   struct {
    TConnection type;
    int             bandwidth;
    int             latency;
    int             nbstream;
} TNetParameter
```

Type 表示网络类型，即 WAN 或者 LAN。Bandwidth 表示网络带宽，单位是

Mbit/s。Latency 表示客户端到服务器的网络延迟。Nbstream 表示传输时使用的并行流。TNetParameter 表示用于数据传输的优化。

10. 网格数据服务信息

```
typedef    struct {
    string            version;
    TGdmRunStat       runStatus;
    string[]          protocols;
    string            SARoot;
} TGdmServInfo
```

Version 表示服务器运行版本；runStatus 表示服务的运行状态；protocols 表示该网格数据服务所支持的所有协议，如 FTP、Http、gridFTP 等；SARoot 表示某个虚拟组织在该网格存储系统中的缺省存储路径。

10.5.3 通用接口与传输协议

1. 数据读取（GdmGet）

1）功能

本操作在接收到客户端的请求后，如果发现文件在离线存储系统（如磁带）中，首先将该文件迁移到在线存储中。然后，再根据用户请求中的协议，分配合适的传输地址或文件访问地址。同时，分配文件的生命期，即在该时间段内该文件不能被删除或修改。该操作是一个异步操作，接收用户请求后会立即返回给客户端一个请求标识符，用户可以根据该标识符调用 GdmStatusOfGet 来查看状态。

2）输入参数

```
string                securityToken;
TGetFileRequest []    arrayOfSources;
string[]              protocols;
TNetParameter         connParameter;
int                   desiredLifeTime;
int                   desiredTotalRequestTime
```

参数说明：

SecurityToken：用于安全认证，依赖于具体的认证方式实现，如用户名认证或者网格安全证书等。

arrayOfSource：指定需要传输的源文件列表，可以为多个。TGetFileRequest 包括统一的网络资源标识符 anyURI，即要传输的源文件，以及要传输文件的偏移地址量。

Protocols：指定需要传输文件的协议列表，服务器会返回相应的传输地址。

connParameter：指定传输的网络参数，包括网络类型（WAN 或者 LAN）、网络带宽、网络延迟等。

DesiredLifeTime：由客户端指定需要传输文件的生命期，是否能够成功还要根据服务器的具体设置。

DesiredTotalRequestTime：由客户端指定传输总共所需时间，如果在此时间内不能完成所有文件的传输，服务器必须返回错误代码 GDM_REQUEST_TIMED_OUT。同时，每个文件的传输状态都为 GDM_FAILURE。

3）输出参数

```
TReturnStatus           returnStatus;
string                  requestIdentifier;
TFileRequestStatus[]  arrayOfFileStatus;
int                     remainingTotalRequestTime
```

参数说明：

returnStatus：客户端发出请求后，服务器返回状态信息 returnStatus，包括 statusCode 和 statusMessage，表示返回状态代码与代码消息说明。

requestIdenfier：GdmGet 是一个异步操作，客户端发出请求后，服务器会立即返回一个请求标识符 requestIdenfier，用户可以根据该标识符调用 GdmStatusOfGet 来查看状态。

arrayFileStatus：根据客户端的请求，返回请求文件的状态列表，保存在 TFileRequestStatus 数组中。由于 GdmGet 是异步操作，返回状态中的某些属性可能为空，如 transferURL，具体的状态可以通过 TFileRequestStatus 中的 status 属性来判断。

remainingTotalRequestTime：剩余的总传输时间。

4）返回代码

（1）请求的返回状态信息，存放在 returnStatus 中。

GDM_REQUEST_QUEUED：表示请求已经成功提交并被服务器所接受。所有的文件请求都正在排队。必须返回请求标识符。

GDM_REQUEST_INPROGRESS：一部分文件已经完成，另外一些文件正在排队。必须返回请求标识符。

GDM_SUCCESS：所有文件请求都已经成功完成，并成功分配生命期。

GDM_PARTIAL_SUCCESS：所有请求都已经成功完成。一部分文件被成功分配生命期，有些文件失败。

GDM_AUTHENTICATION_FAILURE：网格数据管理服务器认证客户端失败。

GDM_AUTHORIZATION_FAILURE：客户端不允许提交该请求。

GDM_INVALID_REQUEST：无效请求，如源文件列表 arrayOfFileRequest 为空。

GDM_NO_USER_SPACE：没有足够的用户空间存放请求的文件。

GDM_NO_FREE_SPACE：没有足够的空闲空间存放请求的文件。

GDM_NOT_SUPPORTED：不支持给定的输入参数，如客户端请求 udt 作为传输协议，而服务器不支持。

GDM_INTERNAL_ERROR：GDM 服务器内部临时错误，客户端可进行重试。

GDM_FAILURE：请求失败，错误消息应该保存在返回状态的 statusMessage 中。

（2）文件状态信息，保存在 TFileRequestStatus 类型中，即 arrayOfFileStatus。

GDM_FILE_PINNED：文件成功设置生命期，客户端可以进行访问。

GDM_REQUEST_QUEUED：文件请求正在排队。

GDM_REQUEST_INPROGRESS：文件请求正在被执行。

GDM_ABORTED：请求的文件被退出。

GDM_RELEASED：请求的文件被释放。

GDM_FILE_LOST：请求的文件永久丢失。

GDM_FILE_BUSY：请求的文件忙，如对于同一个文件，有另外一个请求 GdmPut 正在进行。

GDM_FILE_UNAVAILABLE：请求的文件临时不可用。

GDM_INVALID_PATH：请求的逻辑文件名在 GDM 中查找不到相对应的物理文件。

GDM_AUTHORIZATION_FAILURE：不允许客户端获取指定的文件。

GDM_FILE_LIFETIME_EXPIRED：文件的生命期已经结束。

GDM_NO_USER_SPACE：没有足够的用户空间存放请求的文件。

GDM_NO_FREE_SPACE：没有足够的空闲空间存放请求的文件。

GDM_FAILURE：请求失败。错误消息应该存放在 statusMessage 中。

2. 获取数据读取的状态（GdmStatusOfGet）

1）功能

该函数用于检查先前执行的 GdmGet 操作的状态。GdmGet 操作调用时返回的请求标识符必须要提供。

2）输入参数

```
string                    securityToken;
string                    requestIdentifier;
TGetFileRequest []        arrayOfSources
```

参数说明：

SecurityToken：用于安全认证，依赖于具体认证方式实现，如用户名认证或者网格安全证书等。

　　requestIdenfier：请求标识符，是之前调用 GdmGet 操作所返回。

　　arrayOfSources：指定需要传输的源文件列表。TGetFileRequest 包括统一的网络资源标识符 anyURI，即要传输的源文件，以及要传输文件的偏移地址量。

　　3）输出参数

```
TReturnStatus           returnStatus;
TFileRequestStatus []    arrayOfFileStatus;
int                     remainingTotalRequestTime
```

　　参数说明：

　　returnStatus：服务器返回的状态信息 returnStatus，包括 statusCode 和 statusMessage，表示返回状态代码与代码消息说明。

　　arrayFileStatus：请求文件的返回状态列表，保存在 TFileRequestStatus 数组中，其中包含物理文件地址，即文件传输地址或者访问地址，以及访问协议、文件大小等信息。

　　remainingTotalRequestTime：剩余的总传输时间。

　　4）返回代码

　　客户端发出请求后，返回状态信息 returnStatus 中的 statusCode 是下面代码中的一个。

　　GDM_REQUEST_QUEUED：表示请求已经成功提交并被服务器所接受。所有的文件请求都正在排队。必须返回请求标识符。

　　GDM_REQUEST_INPROGRESS：一部分文件已经完成，另外一些文件正在排队，必须返回请求标识符。

　　GDM_SUCCESS：所有文件请求都已经成功完成，并成功分配生命期。

　　GDM_PARTIAL_SUCCESS：所有请求都已经成功完成。一部分文件被成功分配生命期，有些文件失败。

　　GDM_AUTHENTICATION_FAILURE：网格数据管理服务器认证客户端失败。

　　GDM_AUTHORIZATION_FAILURE：客户端不允许提交该请求。

　　GDM_INVALID_REQUEST：无效请求，如源文件列表 arrayOfFileRequest 为空。

　　GDM_NO_USER_SPACE：没有足够的用户空间存放请求的文件。

　　GDM_NO_FREE_SPACE：没有足够的空闲空间存放请求的文件。

　　GDM_NOT_SUPPORTED：不支持给定的输入参数，如客户端请求 udt 作为传输协议，而服务器不支持。

　　GDM_INTERNAL_ERROR：GDM 服务器内部临时错误，客户端可进行重试。

　　GDM_FAILURE：请求失败，错误消息应该保存在返回状态的 statusMessage 中。

　　对于请求中的每个文件，GdmGet 也返回相对应的状态以及代码，保存在 arrayFileStatus 中的 status 属性。

GDM_FILE_PINNED：文件成功设置生命期，客户端可以进行访问。

GDM_REQUEST_QUEUED：文件请求正在排队。

GDM_REQUEST_INPROGRESS：文件请求正在被执行。

GDM_ABORTED：请求的文件被退出。

GDM_RELEASED：请求的文件被释放。

GDM_FILE_LOST：请求的文件永久丢失。

GDM_FILE_BUSY：请求的文件忙，如对于同一个文件，有另外一个请求 GdmPut 正在进行。

GDM_FILE_UNAVAILABLE：请求的文件临时不可用。

GDM_INVALID_PATH：请求的逻辑文件名在 GDM 中查找不到相对应的物理文件。

GDM_AUTHORIZATION_FAILURE：不允许客户端获取指定的文件。

GDM_FILE_LIFETIME_EXPIRED：文件的生命期已经结束。

GDM_NO_USER_SPACE：没有足够的用户空间存放请求的文件。

GDM_NO_FREE_SPACE：没有足够的空闲空间存放请求的文件。

GDM_FAILURE：请求失败。错误消息应该存放在 statusMessage 中。

3. 获取数据服务器信息(GdmServInfo)

1)功能

获取网格管理服务器信息，主要包括服务器版本、运行状态、支持的协议、为某个应用(虚拟组织)分配的访问点等。

2)输入参数

```
string          securityToken;
string          servername;
string          VOName;
int             timeout
```

参数说明：

SecurityToken：用于安全认证，依赖于具体认证方式实现，如用户名认证或者网格安全证书等。

serName：服务器名或者 IP 地址。

VOName：虚拟组织名称。

timeout：指定客户端发出请求的超时时间。

3)输出参数

```
TReturnStatus       returnStatus;
TGdmServInfo        servInfo
```

参数说明：

returnStatus：服务器返回的状态信息 returnStatus，包括 statusCode 和 statusMessage，表示返回状态代码与代码消息说明。

servInfo：网格管理服务器返回的信息，包括在 TGdmServInfo 类型中。

4）返回代码

返回状态信息存放在 returnStatus 中的 statusCode 中。

GDM_SUCCESS：请求成功完成。

GDM_AUTHENTICATION_FAILURE：认证失败。

GDM_AUTHORIZATION_FAILURE：客户端不允许提交该请求。

GDM_INVALID_REQUEST：无效请求，如 VOName 为空。

GDM_NOT_SUPPORTED：GDM 服务器不支持该操作。

GDM_INTERNAL_ERROR：GDM 服务器内部临时错误，客户端可进行重试。

GDM_FAILURE：请求失败，错误消息应该保存在返回状态的 statusMessage 中。

4. 数据写入（GdmPut）

1）功能

该函数用于将数据写入到网格存储系统之中。根据客户端的请求，网格管理服务器分配一个物理文件地址，返回给客户端，同时为该物理文件分配生命期。该函数调用是一个异步操作，当客户端的请求正常接受并进入排队系统后，服务器会立刻向客户端返回一个请求标识符。通过该请求标识符，客户端可以调用 GdmStatusOfPut 函数查看请求状态。

2）输入参数

```
string                  securityToken;
TPutFileRequest[]       arrayOfTargets;
TOverwriteMode          overwriteOption;
string[]                protocols;
TNetParameter           connParameter;
int                     desiredLifeTime
```

参数说明：

SecurityToken：用于安全认证，依赖于具体认证方式实现，如用户名认证或者网格安全证书等。

arrayOfTargets：要上传到存储系统的文件列表。TPutFileRequest 类型包括目标文件地址以及期望上传文件的大小。

overwriteOption：上传文件时的覆盖属性，为 NEVER、ALWAYS 与 DIFFERENT 三种。

Protocols：指定需要传输文件的协议列表，服务器会返回相应的传输地址。

connParameter：指定传输的网络参数，包括网络类型（WAN 或者 LAN）、网络带宽、网络延迟等。

DesiredLifeTime：由客户端指定需要传输文件的生命期，能否成功还要根据服务器的具体设置。

DesiredTotalRequestTime：由客户端指定传输总共所需时间，如果在此时间内不能完成所有文件的传输，服务器必须返回错误代码 GDM_REQUEST_TIMED_OUT。同时，每个文件的传输状态都为 GDM_FAILURE。

3）输出参数

```
TReturnStatus        returnStatus;
string               requestIdentifier;
TFileRequestStatus [] arrayOfFileStatus;
int                  remainingTotalRequestTime
```

参数说明：

returnStatus：客户端发出请求后，服务器返回的状态信息 returnStatus，包括 statusCode 和 statusMessage，表示返回状态代码与代码消息说明。

requestIdenfier：GdmPut 是一个异步操作，客户端发出请求后，服务器会立即返回一个请求标识符 requestIdenfier，用户可以根据该标识符调用 GdmStatusOfPut 来查看状态。

arrayFileStatus：根据客户端的请求，返回请求文件的状态列表，保存在 TFileRequestStatus 数组中。

remainingTotalRequestTime：剩余的总传输时间。

4）返回代码

（1）请求的返回状态信息，存放在 returnStatus 中。

GDM_REQUEST_QUEUED：表示请求已经成功提交并被服务器所接受。所有的文件请求都正在排队。必须返回请求标识符。

GDM_REQUEST_INPROGRESS：一部分文件已经完成，另外一些文件正在排队。必须返回请求标识符。

GDM_SUCCESS：所有文件请求都已经成功完成，并成功分配生命期。

GDM_PARTIAL_SUCCESS：所有请求都已经成功完成。一部分文件被成功分配生命期，有些文件分配失败。

GDM_AUTHENTICATION_FAILURE：客户端认证失败。

GDM_AUTHORIZATION_FAILURE：客户端不允许提交该请求。

GDM_INVALID_REQUEST：无效请求，如目标文件列表 arrayOfFileRequest 为空。

GDM_NO_USER_SPACE：没有足够的用户空间存放请求的文件。

GDM_NO_FREE_SPACE：没有足够的剩余空闲存放请求的文件。

GDM_NOT_SUPPORTED：不支持给定的输入参数，如客户端请求 udt 作为传输协议，而服务器不支持。

GDM_INTERNAL_ERROR：GDM 服务器内部临时错误，客户端可进行重试。

GDM_FAILURE：请求失败，错误消息应该保存在返回状态的 statusMessage 中。

GDM_ABORTED：请求退出。

(2)文件状态信息，保存在 TFileRequestStatus 类型中，即 arrayOfFileStatus。

GDM_SPACE_AVAILABLE：PUT 文件请求成功完成。目标存储服务器上的空间已经预留，传输地址已经就绪。

GDM_REQUEST_QUEUED：文件请求正在排队。

GDM_REQUEST_INPROGRESS：文件请求正在被执行。

GDM_FILE_IN_CACHE：分配的生命期已经结束，但文件仍在缓存中。

GDM_INVALID_PATH：目标文件地址 targetURL 指向的路径不正确。

GDM_DUPLICATION_ERROR：目标文件地址 targetURL 指向一个已存在的路径，但是不允许覆盖。

GDM_FILE_BUSY：请求的文件忙。例如，对于同一个文件，有另外一个请求 GdmPut 正在进行。

GDM_AUTHORIZATION_FAILURE：客户端不允许写目标地址。

GDM_ABORTED：请求的文件已经退出。

GDM_NO_USER_SPACE：没有足够的用户空间存放请求的文件。

GDM_NO_FREE_SPACE：没有足够的空闲空间存放请求的文件。

GDM_SUCCESS：客户端传输文件成功。

GDM_FAILURE：请求失败。错误消息应该存放在 statusMessage 中。

5. 获取数据写入的状态(GdmStatusOfPut)

1)功能

该函数用于检查先前执行的 GdmPut 操作的状态。调用此函数时，必须要提供 GdmPut 返回的请求标识符。

2)输入参数

```
string              securityToken;
string              requestIdentifier;
anyURI[]            arrayOfTargetURLs
```

参数说明：

SecurityToken：用于安全认证，依赖于具体认证方式实现，如用户名认证或者网格安全证书等。

requestIdenfier：请求标识符，是之前调用 GdmPut 操作所返回。

arrayOfTargetURLs：目标文件地址。

3）输出参数

```
TReturnStatus           returnStatus;
TRequestFileStatus[]    arrayOfFileStatus;
Int                     remainingTotalRequestTime
```

参数说明：

returnStatus：服务器返回的状态信息 returnStatus，包括 statusCode 和 statusMessage，表示返回状态代码与代码消息说明。

arrayFileStatus：请求文件的返回状态列表，保存在 TRequestFileStatus 数组中。

remainingTotalRequestTime：剩余的总传输时间。

4）返回代码

（1）请求的返回状态信息，存放在 returnStatus 中。

GDM_SUCCESS：所有文件请求都已经成功完成，并成功分配生命期。

GDM_REQUEST_QUEUED：表示请求已经成功提交并被服务器所接受。所有的文件请求都正在排队。必须返回请求标识符。

GDM_REQUEST_INPROGRESS：一部分文件已经完成，另外一些文件正在排队。必须返回请求标识符。

GDM_PARTIAL_SUCCESS：所有请求都已经成功完成。一部分文件被成功分配生命期，有些文件分配失败。

GDM_AUTHENTICATION_FAILURE：客户端认证失败。

GDM_AUTHORIZATION_FAILURE：客户端不允许提交该请求。

GDM_INVALID_REQUEST：无效请求，如目标文件列表 arrayOfFileRequest 为空。

GDM_NO_USER_SPACE：没有足够的用户空间存放请求的文件。

GDM_NO_FREE_SPACE：没有足够的空闲空间存放请求的文件。

GDM_NOT_SUPPORTED：不支持给定的输入参数，如客户端请求 udt 作为传输协议，而服务器不支持。

GDM_INTERNAL_ERROR：GDM 服务器内部临时错误，客户端可进行重试。

GDM_FAILURE：请求失败，错误消息应该保存在返回状态的 statusMessage 中。

GDM_ABORTED：请求退出。

（2）文件状态信息，保存在 TFileRequestStatus 类型中，即 arrayOfFileStatus。

GDM_SPACE_AVAILABLE：PUT 文件请求成功完成。目标存储服务器上的空间已经预留，传输地址已经就绪。

GDM_REQUEST_QUEUED：文件请求正在排队。

GDM_REQUEST_INPROGRESS：文件请求正在被执行。

GDM_FILE_IN_CACHE：分配的生命期已经结束，但文件仍在缓存中。

GDM_INVALID_PATH：目标文件地址 targetURL 指向的路径不正确。

GDM_DUPLICATION_ERROR：目标文件地址 targetURL 指向一个已存在的路径，但是不允许覆盖。

GDM_FILE_BUSY：请求的文件忙。例如，对于同一个文件，有另外一个请求 GdmPut 正在进行。

GDM_AUTHORIZATION_FAILURE：客户端不允许写目标地址。

GDM_ABORTED：请求的文件已经退出。

GDM_NO_USER_SPACE：没有足够的用户空间存放请求的文件。

GDM_NO_FREE_SPACE：没有足够的空闲空间存放请求的文件。

GDM_REQUEST_SUSPENDED：请求被挂起。

GDM_SUCCESS：客户端传输文件成功。

GDM_FAILURE：请求失败。错误消息应该存放在 statusMessage 中。

10.6　网格互操作中的安全

网络带来的开放、高度自治、异构等特点决定了原本存在于单个用户、企业双方之间的安全问题，开始更多地体现为一个安全域中不同组织之间和不同的安全域之间的安全问题。而不同的组织、安全域以及网格之间采用的安全协议、安全策略都不尽相同，如何将安全和具体的应用逻辑松耦合，并且标准化，这是目前建立融合的分布式环境的巨大障碍。不同网格间的安全认证是其中一个亟待解决的问题，各安全域独立签发域内的安全令牌作为身份标识，造成用户在访问不同安全域的服务时，需要维护多种安全令牌，增加了使用网格服务的难度和复杂性[10]。

所以，跨域的安全信息共享交换是当前网络应用面临的一个重要问题。在传统的跨域安全模型中，是通过定制开发两个软件的插件来解决的安全令牌管理和映射问题，之后出现了 SAML 跨域安全模型 WS-Security 系列规范，它们都试图建立解决跨域安全问题的服务访问模型，特别是 WS-Trust 与 WS-Federation 定义了如何解决跨域的令牌、身份交换及服务的使用模型。

这些规范在当前典型的商业软件中已经得到了广泛应用，但是在实际应用中仍然存在很多问题。首先，WS-Federation 中用户获取访问服务所需的安全令牌需要首先获取访问对方安全令牌服务的安全令牌，这使得用户需要直接参与访问安全令牌服务这样的复杂过程中。同时，用户直接访问对方域的安全令牌服务，这样并不安全且实际上并不可行。此外，规范只定义了必须地服务以及服务接口，并没有明确指出如何处理与原有安全基础设施的关系，特别是没有指出如何接入到原有的安全基础设施中实现安全信息的共享问题。而服务在实现跨域访问的能力后，实现跨域的安全机制不可避免的将与原有设施整合，原有设施应当成为新的模型基础。最后，上述规范定义了若干服务的访问过程和标准接口，但是安全令牌服务、身份服务、假名服务和属性服务都是相对功能独立的服务，并不是所有的安全机制都需要使用到上述全部的服务，而应当按照本地安全基础设施的特点提供相对应的服务，并非全部提供服务。

参 考 文 献

[1]　CNGrid. http://www.cngrid.org/.

[2]　Open Grid Forum（OGF）. Job Submission Description Language（JSDL）specification V1.0. http://forge.gridforum.org/projects/jsdl-wg. 2010.

[3]　Foster I. Globus toolkit version 4: software for service-oriented systems. IFIP International Conference on Network and Parallel Computing. Springer-Verlag LNCS3779, 2005:2-13.

[4]　武永卫, 吴松. ChinaGrid 核心中间件 CGSP2.0 版实现高效网格服务. 中国教育网络, 2006, （6）: 32-33.

[5]　Huai J P, Hu C, Li J X, et al. Crown: a service grid middleware with trust management mechanism. Science in China Series F: Information Sciences, 2006, 49（6）:731-758.

[6]　CNGrid GOS 4.0. http://www.cngrid.org/gos/index.jhtml. 2010.

[7]　gLite. http://glite.web.cern.ch/glite/. 2010.

[8]　Surridge M, Taylor S, Roure D D, et al. Experiences with GRIA: industrial applications on a web services grid. 1st International Conference on e-Science and Grid Computing, 2005: 98-105.

[9]　UNICORE. Distributed computing and data resources. http://www.unicore.eu/. 2010.

[10]　邹德清, 邹永强, 羌卫中, 等. 网格安全互操作及其应用研究. 计算机学报, 2010, 33（3）:514-525.

第 11 章

一种基于网关的网格数据互操作

目前的网格互操作方案大多将数据互操作与作业互操作耦合在一起处理，不利于两者的并行化执行。上一章描述的互操作框架将计算互操作任务与数据互操作任务区分对待是合理的，因为它们有着不同的语义和特性[1]。现有的计算互操作任务调度模块显然不能很好地理解数据互操作任务的语义。

那么，如何将数据互操作从作业互操作中分离出来，形成一个通用的模块，就需要将数据互操作任务由专门调度、管理这种作业的网关来处理，而计算互操作任务仍由现有的网关处理，从而实现网络互操作任务并行化处理。基于这个目的，我们提出了一种基于网关的数据互操作或称数据网关(DG)框架。

11.1 数据互操作面临的问题

在异构的网格设施之间实现数据互操作，将面临以下问题。

(1)异构的存储资源。网格应用所需要的数据分散在不同的存储系统之中，执行应用需要与各种各样的存储系统通过交互来完成。那么，借助于一个自适应的中间系统来访问不同种类的存储系统，充分利用不同的底层中间件/传输协议是十分必要的。

(2)建立多元的安全机制。一个完整的网格应用需要访问多个存储系统，完成多种不同的认证过程，跨网格的应用更是如此。这就需要为上层应用提供一个统一的认证入口，以屏蔽底层不同的安全界面，使应用专注于业务逻辑，摒弃繁杂的安全细节。

(3)解决无处不在的系统故障。网络连接错误、传输性能不稳定、客户端/服务端/存储系统崩溃等故障，随时都会在网格应用中出现。不能期望网格应用能预防和处理多种类型的错误，必须由系统将故障屏蔽起来，由此为应用提供良好的运行环境。

(4)满足不同的作业需求。网格互操作的特点决定了作业的多样性，仅有全局性的策略是不够的，每个作业还需要制定自己特定的策略，以满足具体的需求。调度模块依赖这些信息，所以一种灵活的作业描述方式是不可缺少的。

11.2 数据网关设计

数据网关的主要目标是，独立处理网格数据互操作作业，提供一个良好的作业运行环境。

11.2.1 数据网关的架构

为了提高系统的扩展性和吞吐率，数据网关采用了 Master/Worker 的架构模式。Master 是整个数据网关的入口，Worker 是一系列的工作单元，负责完成数据网关中的具体作业。图 11-1 展示了数据网关的架构。Master 是一个全局调度中心、信息中心和日志仓库，它负责将作业分发到一个合适的 Worker 上，同时收集所有注册到它上面的 Worker 的信息，从而为 Worker 进一步调度作业提供必要的信息。为了提高系统的可用性，可以增加备份 Master。Worker 是横跨不同存储系统的桥梁，它利用一个统一的接口来访问异构的网格资源，完成具体的数据互操作任务。

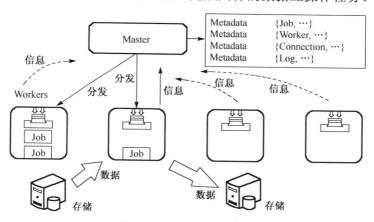

图 11-1 数据网关的架构

11.2.2 异构存储资源的访问

为了与网格中的异构资源交互，我们采用了 Apache Commons 虚拟文件系统（VFS）作为 Worker 访问异构存储系统的统一接口。Apache Commons VFS 为访问不同的文件系统提供了单一的应用程序接口（API）。得益于模块化的设计，VFS 可以很容易地进行扩展，以支持其他的存储系统或者传输协议。这一点对于工作在异构网格环境中的系统来说尤为重要，因为我们不期望数据网关与所有的存储系统、传输协议直接交互。

VFS 屏蔽了底层的异构特性，使得数据网关可以用统一的接口去访问这些异构资源。VFS 的模块化设计允许用户添加插件来支持不同的存储系统/中间件或者协议，这也从整体上提高数据网关对不同传输协议的扩展性。

基于 VFS 提供的统一接口，Worker 可以对各种存储系统进行读/写操作。数据互操作作业到达 Worker 以后，Worker 启动读写线程，利用 VFS 完成协议转换，读线程负责从源存储系统到数据网关的数据传输，而写线程负责从数据网关到目标存储系统的数据传输。

11.2.3　多策略支持

为了满足数据互操作环境下的各种作业需求，如不同的作业类型、不同的安全认证模式、不同的作业策略等，除了数据网关功能，还设计了一种基于 ClassAD[2] 的作业描述语言（JDL），用来提供灵活的、可扩展的数据模型，描述任意的服务、数据或者约束条件。

图 11-2 所示的 JDL 文件描述了一个典型的数据互操作作业，在 2 个不同的存储系统之间传输数据，作业类型是拷贝目录，采用续传模式，并指定了可选的传输协议以及必要的认证信息。其他的作业类型有创建文件/目录、删除文件/目录，这些作业类型都是根据数据互操作的流程需求准备的。

```
[
  JobType="cpdir";
  Arguments="append";

  SrcHost="enchina 07.buaa.edu.cn";
  SrcPath="/tmp/slc306";
  SrcSchemas={[Prtocol="GSIFTP"};
               User=":globus-mapping:";
               Password="file://src_certificate_file_path";
             ],
             [Protocol="FTP";
              User="*********";
             ]};
  DstHost="buaa01.ihep.ac.cn";
  DstPath="/tmp";
  DstSchemas={[Protocol="GSIFTP";
               User=":globus-mapping:";
               Password="file://dst_certificate_file_path";
             ]};
]
```

图 11-2　一个复制作业的描述文件

认证方式依赖于具体使用的协议/存储系统。在网格中认证方式有两类，一类是类似于 FTP 的用户/密码认证类型，另一类是类似于 GridFTP 的证书认证类型，前者可以直接在 JDL 中声明，而后者需要说明如何获取相应的代理证书文件，而其他认证方式可由此扩展。本书的数据网关采用一个四元组(Protocol、User、Password、Port)来描述协议与认证信息等数据，四元组中的 User 与 Password 的含义随着 Protocol 的不同而有所改变，Worker 在读取这些信息之后，通过恰当的配置 VFS 来完成存储系统的认证过程。

　　在数据网关中策略分为全局策略和作业级策略，以满足不同作业的需求。通过设置全局策略，可以指定一些通用的策略。用户也可以通过设置 JDL 的作业级策略来覆盖全局策略，满足自己特定的需求。在 JDL 中设置的作业级策略实例如图 11-3 所示。

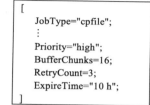

图 11-3　JDL 中设置的作业级策略

　　在这个例子中，用户将作业的优先级设置为"高"（在数据网关中有高、中、低 3 种优先级），并采用 16 个缓冲区来平滑读写之间的速度差异，如果作业失败或者超过 10h 仍未完成的话，将重启作业，但重试次数不超过 3 次。

11.2.4　运行时支持

　　在执行作业时，数据网关通过测试相关协议的工作状态，动态地决定采用何种传输协议来完成任务。用户也可以给出存储系统所支持的协议列表。如果使用某种协议传输失败，数据网关将会尝试使用列表中的其他协议继续传输数据，如图 11-4 所示。

```
[
  ⋮
SrcSchemas={[Protocol="GSIFTP";...]},
            [Protocol="FTP";...]};
DstSchemas={[Protocol="GRIAS";...]},
            [Protocol="HTTPS";...]};
  ⋮
]
```

图 11-4　协议列表

　　在上面的例子中，用户给定了源存储系统和目标存储系统支持的传输协议列表。如果使用 GSIFTP 协议访问源存储系统失败，数据网关会尝试用 FTP 协议来读取源数据。同样的，数据网关会选择一个可用的协议将数据写入目标存储系统中。

11.2.5　错误恢复

　　数据网关的设计目标之一便是屏蔽所有网络、存储系统、中间件或者硬件的错误，提供一个良好的运行环境。为此，数据网关设计了两种错误恢复机制：一种是故障重启，即当数据互操作作业遇到故障而失败的时候重启这个作业；另外一种是超时重启，允许用户为他们的数据互操作作业设置一个可以接受的最大运行时间，一旦作业的运行时间超过了这个限制，数据网关就会终止并重启这个作业，这种机制可以克服不少系统的 Bug，尤其是那些导致传输操作挂起而又没有响应的情况。这里的"重启"是指处理那些没有完成的数据。

11.2.6　本地数据迁移

为了支持工作节点与存储系统之间的数据互操作，我们开发了一个轻量级的"LOCAL"协议，它可以将工作节点转化为一个临时的存储节点，而工作节点就可以像其他普通的存储节点一样与数据网关交互，在任务完成之后自动关闭"LOCAL"服务，以保证安全。

```
[
    JobType="cpfile";
    ⋮
    DstPath="C:/data";
    DstSchemas={[Protocol="LOCAL";...]};
    ⋮
]
```

图 11-5　"LOCAL"协议的用法

"LOCAL"协议的用法如图 11-5 所示，执行这个作业会把数据下载到提交作业的节点上，它与普通的 JDL 并没有太大的区别。

11.2.7　数据网关的安全机制

数据网关可保证用户与数据网关之间的安全通信、作业与作业之间的安全隔离。数据网关到存储系统的安全访问由相应的访问协议自行保证，因为我们无法改变存储系统固有的安全机制，如数据网关访问使用 GridFTP 协议的存储系统要比使用 FTP 协议的存储系统更安全。

数据网关用 SSL（安全套接字层）连接来保证数据网关与用户之间的安全通信，确保 JDL 的相关信息（如 FTP 的认证信息）不被泄漏，并用签发代理证书机制来保证作业代表用户执行操作的合法性。用户在提交一个作业后，作业会要求用户为它签发一个代理证书，以便代表用户完成存储系统的操作。对于采用证书认证方式的存储系统，作业可以直接使用这个代理证书进行访问，也可以使用用户制定的其他证书。数据网关还能有效隔离作业的私有数据空间，保证作业相关信息（如私钥/证书）的安全。

11.3　应用实例与分析

我们通过 3 个应用实例说明数据网关是如何适应网格特性并顺利完成数据互操作任务的，实例环境如图 11-6 所示，包括实验涉及的中间件，相关站点支持的传输协议、平台信息和物理位置。数据网关与 IHEP（中国科学院高能物理研究所）节点的传输速度大约是 5MB/s，在 JSI（中德联合软件研究所）内部是百兆位局域网，便携电脑位于 JSI 内部。在这个环境中我们验证了数据网关处理网格互操作任务的功能，包括不同存储系统之间的数据传输、错误恢复、动态协议选择和本地数据迁移。

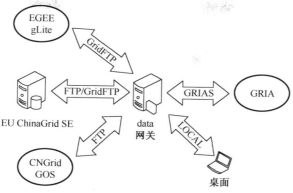

图 11-6　应用实例部署测试环境

11.3.1　数据传输与错误恢复

由于 gLite 和 GOS 不能直接交互，所以需要使用数据网关桥接二者的存储节点。实验结果表明，数据网关最终在 2 个异构的存储系统之间成功地建立了一个数据通道，并在没有人工干预的情况下完成了大约 120GB 的数据传输任务。

从 gLite 到 GOS 的数据传输过程中，数据网关遇到了很多故障，包括软件、硬件方面的网络连接失败、读写操作挂起、拒绝读写数据、服务器崩溃等。无论哪种错误，数据网关都会自动终止当前作业并启动故障恢复机制而无需人工干预。图 11-7 是作业执行过程中传输速度变化的一个片段。首先 GOS FTP 服务重启，接着数据网关到 GridFTP 的操作很长时间没有响应，直到 GridFTP 服务恢复正常，期间还夹杂着一些网络故障。但是，数据网关的错误恢复机制能很好地处理这些故障。

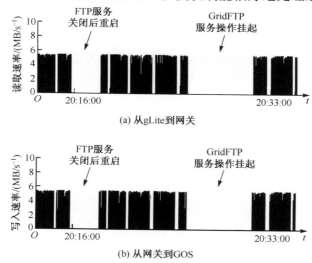

图 11-7　错误恢复机制自动处理系统故障

11.3.2　动态协议选择

在 EUChinaGrid[3]项目中，提供了一个支持 FTP 和 GridFTP 传输协议的存储节点 EUChinaGrid SE。网格中间件 GRIA[4]拥有自己独特的数据服务（GRIAS），如图 11-6 所示[5]，它们不能直接交互完成数据互操作。

本用例测试了数据网关的动态协议选择功能，其中提交了 100 个从 EUChinaGrid SE 到 GRIA 的数据拷贝作业。实验开始的时候，SE 上面的 GridFTP 服务与 FTP 服务都是可用的。数据网关的读操作选择了 GridFTP 协议，写操作选择了 GRIAS 协议。在作业执行了一段时间之后，关闭了 SE 上面的 GridFTP 服务，数据网关很快切换到 FTP 服务继续传输数据，切换之后数据传输速度有所下降，如图 11-8 所示，这是因为 FTP 服务的传输速率被限制在 2MB/s 以内。数据网关采用 FTP 协议经过一段时间之后，重新启动了 SE 上面的 GridFTP 服务，由于 GridFTP 协议的优先级高于 FTP 协议，所以数据网关重新采用 GridFTP 协议传输数据，传输速度也逐渐恢复到了原来的水平。这个操作重复几次，观察到的结果均与图 11-8 相似。

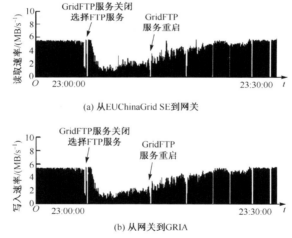

图 11-8　动态协议选择

测试结果表明，如果存储节点支持多种传输协议，将大大增加系统的可用性，数据互操作也可以充分利用这些服务，在较高性能的传输服务发生故障后，采用其他的传输服务继续执行作业。

11.3.3　本地数据迁移

我们提交了一个从 EUChinaGrid SE 到本地文件系统的拷贝作业。

开始时，SE 的 2 种传输服务都是可用的，本地与数据网关之间进行了 3 次断开/恢复操作，如图 11-9 所示。从中可以看到作业中断了 3 次，待到网络恢复正常时，数据网关会继续执行作业，并不需要人工干预。最后，重启 SE 上面的 **GridFTP** 服务来验证数据网关的动态协议选择功能。结果表明，本地文件系统与其他存储系统的数据互操作可以从数据网关中获益。

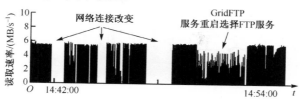

(a) 从EUChinaGrid SE到本地文件系统

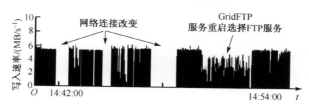

(b) 从网关到本地文件系统

图 11-9　本地数据迁移、错误恢复和动态协议选择

通过应用实例的部署和测试验证，数据网关是一种具有良好通用性、扩展性的数据互操作框架，对各种网格数据互操作环境均有很好的适应能力，可以有效地解决网格数据互操作中的各种难题。它将数据互操作从作业互操作中分离出来，促进了网格互操作的并行化处理。

参 考 文 献

[1] Kosar T, Livny M. Strok: making data placement a first class citizen in the grid. Proceedings of 24th IEEE International Conference on Distributed Computing Systems, 2004: 342-349.

[2] Raman R, Livny M, Solomon M. Matchmaking: distributed resource management for high throughput computing. Proceedings of the 7th IEEE International Symposium on High Performance Distributed Computing, 1998:28-31.

[3] Yan B H, Wu Z G, Yang D B, et al. Experiences with the EU China grid project implementing interoperation between gLite and GOS. The 2nd IEEE Asia-Pacific Service Comouting Conference, 2007: 224-231.

[4] Surridge M, Taylor S, Roure D D, et al. Experiences with GRIA: industrial applications on a web services grid. 1st International Conference on e-Science and Grid Computing, 2005: 98-105.

[5] 颜秉珩，钱德沛. 一种基于网关的网格数据互操作框架. 西安交通大学学报，2009, 43（2）:20-24.

第 12 章

一种跨域安全令牌服务

12.1　目前流行的跨域服务访问模型

目前流行的跨域服务访问模型主要有 SAML[1]模型、WS-Trust[2]与 SAML 结合模型和 WS-Federation[3]模型。

12.1.1　SAML 模型

SAML 可以解决跨域服务访问的问题，SAML 中定义了下面的三个主体。

信任方：使用身份信息，通常情况下信任方是服务提供者(service provider，SP)，由其进行访问控制决定允许何种请求。

断言方：提供安全信息，SAML 称之为身份提供者(identity provider)。

主体：与身份信息相关的用户，也是需要访问信任方服务的请求者。

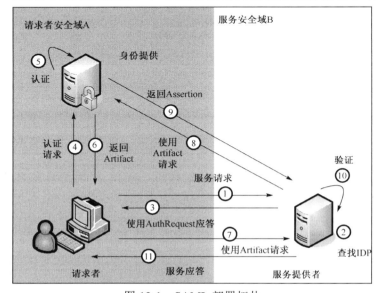

图 12-1　SAML 部署拓扑

在 SAML 基于 XML 语言用于传输认证及授权信息的框架中,主体是一个实体,这个实体在某个安全域中拥有一个特定身份,断言可传递主体执行的认证信息、属性信息及关于是否允许主体访问其资源的授权决定这三个方面的内容,所以在跨域的服务访问按照如图 12-2 所示的模型进行。

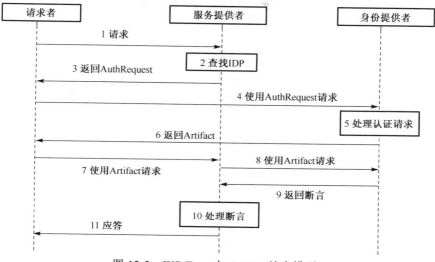

图 12-2　WS-Trust 与 SAML 结合模型

如图 12-2 所示,SAML 中请求者访问异构域的过程如下:

(1)请求者发送访问服务提供者(service provider,SP)的请求;

(2)SP 查找获得合适的身份提供者(identity provider,IDP)地址;

(3)SP 发出带有<AuthRequest>的响应,将该用户改道到 IDP;

(4)请求者发出带有<AuthRequest>信息的请求访问 IDP;

(5)IDP 处理这个<AuthRequest>信息,如果发现该用户还没有被认证过,便通过<AuthRequest>消息内容来认证,之后 IDP 将生成断言并与 Artifact 建立连接;

(6)IDP 通过 SAML Artifact 来响应该用户;

(7)用户将 SAML Artifact 出示给 SP;

(8)SP 发出带有 Artifact 的请求;

(9)IDP 查找 Artifact 连接的断言,返回带有 SAML 断言的响应;

(10)SP 处理该断言,判定它的有效性并决定如何响应请求者最初的请求;

(11)SP 向用户发出最终的响应,允许或拒绝该用户最初的访问其服务的请求。

从 SAML 模型中可以看到,SAML 建立的跨域安全机制通过在服务(SP)和权威(IDP)之间约定 SAML 的断言格式,同时约定了进行安全认证等安全交互的流程来解决跨域服务访问问题。IDP 作为用户身份的集中管理中心,将不同的安全标识定义为 Identity,其中包含了邮件地址、X.509 的主题名、Windows Domain Qualified

Name、Kerberos Principal Name 等名称。这为我们统一抽象定义安全令牌的标识做出很好的启示。

但是，SAML 模型也有自身的问题，SAML 规范定义了新颖的安全机制，但是 SAML 与原有的安全设施，特别是 X.509[4]和 Kerberos[5]等机制相差较大，很难与现有机制实现互操作，面临巨大的工程难度，这从 GridShib[6]项目可以看到。

12.1.2　WS-Trust 与 SAML 结合模型

针对 SAML 的缺点，WS-Security[7]中通过定义使用 SAML Assertion 的 XML Token 的方式可以将 SAML 安全技术很好地集成到 Web 服务的环境中，与 Web 服务中的结合极大地增加了 SAML 的应用范围。

从 SAML 模型可以看到，服务提供者除了提供对外的服务外，还要具有 IDP 的查找功能，这增加了 SP 的实现难度，同时从软件工程来讲，对外服务和安全服务应当松耦合(loosely coupled)，所以，参照 Web 服务 WS-Trust 定义的模型可以将 IDP 的查找功能独立出来，结合 WS-Trust 和 SAML，实现跨域的服务访问。

由图 12-3，与 SAML 的模型相似，模型包含了安全令牌服务(security token service，STS)、服务请求者(requestor)和服务提供者三个主体。其中，SP 信任 STS，与 SAML 模型不同的是，这种信任并不使用 Artifact 机制来建立，而是可以采用更加灵活的机制，如各自拥有对方的 X.509 证书。这带来的好处是，用户将 SAML Token 封装在服务请求头部，这样在 STS 和 SP 之间不再像 SAML 中 IDP 和 SP 间进行额外通信，同时，从对话过程也可以看到，交互的步骤更加简洁。

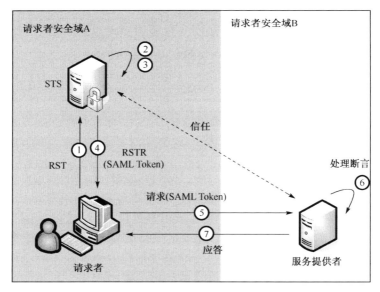

图 12-3　WS-Trust 与 SAML 结合部署拓扑

如图 12-4 所示，采用 WS-Trust 后，跨域服务访问模型为：

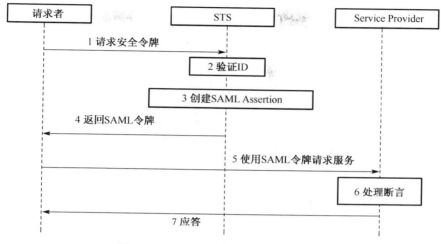

图 12-4　WS-Trust 与 SAML 结合模型

(1)请求者向 STS 发送安全令牌请求(request security token，RST)。请求者与 STS 之间使用本地域的安全设施,如 PKI 中使用 STS 的公钥加密传输一个会话密钥,并用会话密钥加密和发送用户令牌与 RST;

(2)STS 检查 RST 中的请求者身份。STS 结合本地安全设施检查用户令牌中的请求者身份，如使用 LDAP 检查 UsernameToken 中的用户和密码;

(3)STS 生成 SAML 令牌。用户令牌中的身份通过检查后，STS 生成 SAML 断言，也即 SAML 令牌;

(4)STS 向请求者返回安全令牌请求应答(request security token response，RSTR)，包含了 SAML 令牌;

(5)请求者使用 RSTR 中的 SAML 令牌向 SP 发出请求;

(6)SP 验证 SAML 令牌。验证依据时 SP 和 STS 之间预先建立的信任关系;

(7)SP 处理服务请求并返回结果。

在 WS-Trust 和 SAML 的结合模型中，由于请求者使用 SAML 令牌访问 SP 的服务，SP 并不信任 A 域的请求者，但是 SP 信任 A 域的 STS，所以 STS 签发的令牌需要含有服务所需验证的这些信任信息，以 PKI 体系为例，SAML 令牌中需要含有请求者和 SP 之间的会话密钥，其中请求者的会话密钥可以由 A 域的安全设施保障，而 SP 的会话密钥，因为 SP 与 STS 之间存在信任关系，STS 使用 SP 的公钥加密会话密钥，保证只有 SP 可以解密出其中的会话密钥，同时由 STS 签名整个令牌，证明令牌是由 STS 签发，这样请求者实现了跨域的访问 SP 的服务。

12.1.3　WS-Federation 模型

　　WS-Trust 与 SAML 结合简化了跨域访问服务的流程，但是 SAML 还是有自身的缺点，基于属性的安全机制和现有安全基础设施并不兼容，如果某公司现有的服务所采取的安全措施都是基于 Kerberos 或是 X.509 的方式的话，强制要求它们都实现对 SAML 的支持，修改现有系统的安全基础设施的成本很大。由此看出仅仅依靠 WS-Trust 已不能解决以上的问题，WS-Federation 应运而生。其中安全令牌已不限于 SAML 断言。

　　如图 12-5 所示，模型包含了安全令牌服务、服务请求者和服务提供者三种主体。与前面的模型不同的，在 SP 所在的安全域中，加入了 SP 使用的 STS，信任的关系转为请求者与服务的 STS 之间的信任关系，而按照服务 STS 功能的不同，可以将 WS-Federation 模型分为基本和交替两种类型，前者可以将 B 域的令牌签发给请求者（步骤④、⑤，实线），后者仅实现验证令牌，SP 将请求者发来的服务请求中安全令牌交由服务 STS 验证（步骤④、⑤，虚线）。无论哪种模型，双方域的安全令牌服务间存在信任关系，也可以通过第三方建立彼此的信任关系。

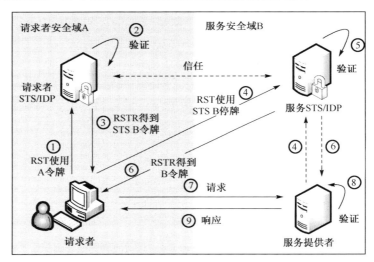

图 12-5　WS-Federation 部署拓扑

　　如图 12-6 所示，WS-Federation 中，基本模型中请求者访问异构域服务的过程如下：

　　（1）请求者发送令牌请求，请求 B 域的 STS 的安全令牌，请求中附加上 A 域中请求者身份的安全令牌；

　　（2）A 域 STS 验证请求中附加 A 域的安全令牌；

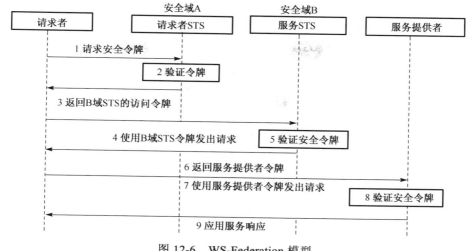

图 12-6　WS-Federation 模型

(3)A 域 STS 与 B 域存在信任关系,A 域 STS 查找到访问 B 域 STS 需要的安全令牌,返回给请求者;

(4)请求者发出带有 B 域 STS 安全令牌的令牌请求;

(5)B 域 STS 验证请求中附加的安全令牌;

(6)B 域 STS 与 B 域 SP 存在信任关系,B 域 STS 查找到访问 B 域 SP 需要的安全令牌,返回给请求者;

(7)请求者发出带有 B 域 SP 安全令牌的令牌请求;

(8)B 域 SP 验证请求中附加的安全令牌;

(9)SP 向用户发出最终的访问其服务的请求响应。

除了安全令牌,在 WS-Federation 模型中,定义了属性和假名,属性与 SAML 中的属性类似,而假名表示了用户在一个域中的身份,明确解决了 SAML 中 Identity 没有解决的身份映射问题。在 WS-Federation 中,IP(identity provider)和假名服务存在信任关系,与签发安全令牌类似,假名和 IP/STS 可以作为令牌颁发过程的一部分进行交互。其中,请求方先前已针对特定的安全域关联了一个假名和安全性令牌。当请求方请求一个该域的安全性令牌时,系统就获得其假名和令牌,并返回给请求方。请求方就使用这些安全性令牌来访问 Web 服务。所以和安全令牌签发一样,在图 12-6 中的交互流程同样适用于属性和假名,B 域中 STS 也可以签发属性和假名。

除了身份的处理,更重要的是 WS-Federation 定义了多种不同的安全令牌的处理。安全令牌除了包含传统的二进制令牌,如 X.509 令牌、Kerberos 票据,也包含了新的 XML 格式的安全令牌,如 XrML 和 SAML 令牌。对于不同种的安全令牌,WS-Federation 规定了应当遵循的格式和处理过程,为标准的不同实现提供了很好的互操作性。

12.1.4　现有模型的不足

从前面的模型分析可以看到，WS-Federation 虽然安全令牌跨域签发机制已经有了较完整的定义，但是在实际应用中仍然存在很多问题：

首先，WS-Federation 中请求者获取访问服务所需的安全令牌需要首先获取访问对方 STS(Security Token Service) 的安全令牌，这使得请求者需要访问两次 STS：一次是本地 STS，另一次是对方域 STS。STS 的作用就是要将用户获取安全令牌的复杂操作都集中在 STS 上，用户只需要提供需要访问的服务信息和自己的身份信息就应该得到所需的令牌，而不应负责两次与 STS 交互这样的复杂过程。同时，允许请求者直接访问 SP 域的 STS 服务，这样并不安全而且实际上并不可行，如果 SP 域的 STS 的安全机制是 Kerberos，Requestor 所在域的 STS 不可能直接签发给他 Kerberos 票据来访问 SP 域的 STS。

其次，规范只定义了必需的服务以及服务接口，并没有明确指出如何处理与原有安全基础设施的关系，甚至是基本的 STS 如何接入原有的安全基础设施实现安全信息的共享问题也没有指出。而服务在实现跨域访问的能力后，实现跨域的安全机制不可避免地将与原有设施整合，原有设施应当成为新的模型的基础。

最后，上述规范定义了若干服务的访问过程和标准接口，但是安全令牌服务、身份服务、假名服务和属性服务都是相对功能独立的服务，并不是所有的安全机制都需要使用到上述全部的服务，而应当按照本地安全基础设施的特点提供相对应的服务，而非全部提供服务。

12.2　跨域安全令牌服务模型

通过对现有模型的分析可以知道，Web 服务都是作为跨域的安全访问技术的基础，SAML 只定义了在 SOAP[8]绑定，WS-Trust 和 WS-Federation 都是基于 SOAP 扩展 WS-Security 机制并且都以 Web 服务作为访问接口。所以，在服务模型的设计上，我们假定了需要跨域访问的服务都是基于 Web 服务的，这同时也体现了 Web 服务本身可以用于集成现有解决方案的巨大优势。同时，Web 服务的安全模型和规范 WS-Security、WS-Trust 和 WS-Federation，为实现跨域的互访问提供了一个新的模型，安全令牌、安全令牌服务、身份、属性和假名等安全元素的抽象定义为我们设计跨域服务提供了基础。

12.2.1　跨域安全令牌获取

在现有模型的基础上，我们设计了跨域的安全令牌获取模型，它的应用拓扑如图 12-7 所示。

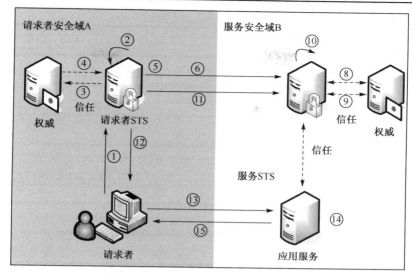

图 12-7 跨域安全令牌获取模型拓扑

在新的模型中，针对前述模型的问题，提出了改进的机制。

如图 12-7 所示，首先，请求者只访问一次本地的 STS 即可获取访问对方服务所需的安全令牌，而不必与对方域的复杂的安全机制进行交互，这些复杂交互过程都被封装在请求者所在域 STS 的实现中。这样的机制是通过 STS 之间的相互协作完成的，由图中可以看到，两个域的 STS 与 WS-Federation 中的不同，除了信任关系外，STS 之间存在直接的协作机制，原有的请求者访问 SP 域 STS 的过程被 STS 之间的交互过程代替。

将安全令牌获取的复杂过程由 STS 封装后，也可以解决上面提出的问题，STS 与本地域的安全基础设施的信任关系使得 STS 可以直接与其进行安全交互，而不必请求者参与。同时，针对原有模型中的多种服务，请求者也不必访问，而由本地 STS 与本地安全基础设施、对方 STS 的交互完成。

具体如何解决上述问题，我们将在后续章节中详细描述，图 12-8 说明了采用新的跨域安全令牌的获取模型交互过程。

请求者通过跨域安全令牌服务获取安全令牌的步骤为：

（1）请求者向本域中的 STS 发起安全令牌请求，请求中包含请求的服务地址与用户身份信息；

（2）A 域 STS 与本地安全权威（authority）交互，对本地用户进行认证授权检查；

（3）～（4）A 域 STS 与本地权威的安全服务交互，这里的安全服务是指安全令牌签发、身份、属性、假名等服务；

（5）A 域 STS 按照（3）、（4）步骤得到的应答生成向 B 域 STS 发出安全令牌请求；

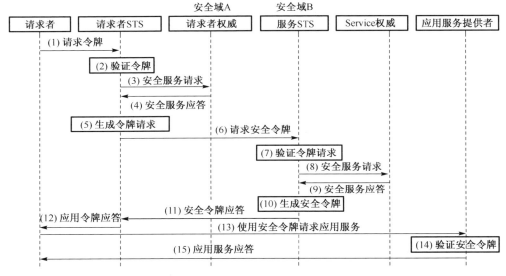

图 12-8 跨域安全令牌服务获取模型

（6）A 域 STS 向 B 域 STS 发出安全令牌请求；

（7）B 域 STS 按照验证服务请求；

（8）～（9）B 域 STS 与本地权威的安全服务交互；

（10）B 域 STS 按照（8）、（9）步骤得到的应答生成应答安全令牌；

（11）～（12）B 域 STS 将安全令牌应答给 A 域 STS，再由 A 域 STS 应答给请求者；

（13）B 域 SP 发送服务请求，其中附加获取的安全令牌；

（14）B 域 SP 返回服务应答。

可以看到请求者只访问一次本地 STS 获取安全令牌；双方安全域的 STS 通过直接的信任关系进行交互，两个域之间获取安全令牌也只有一次网络请求和应答；同时 STS 与本地权威的安全服务可能会有多次的安全服务访问和应答。因此，与 WS-Federation 相比，新模型减少了域间的交互以及请求者与 STS 间的交互。

同时，由图 12-8 也可以看到，通过 STS 间的协作可以实现跨域的安全令牌服务，解决两个安全域的互访问问题，实际上安全主体包括了请求者、STS、权威和 SP，其中请求者、STS、权威在一个安全域 A 中保证服务访问的安全，同样是服务 STS、权威、SP 在一个安全域 B 中保证服务访问的安全。两个安全域的 STS 间的交互安全可以经过协商约定，与各自所在的域无关，如可以使用双向 SSL，或使用 WS-Security 实现消息级安全。这样，提供对外的跨域服务能力，减少了对本地安全基础设施的侵入。STS 统一管理了跨域安全令牌的签发，可以将安全令牌、用户身份、属性、假名统一提供给对方 STS，也有利于保证其安全性和良好的可扩展性。

从功能上可以将一次跨域的安全令牌签发分为三个阶段,首先是步骤(1)~(4),本地域服务请求验证和构造安全令牌请求;其次是步骤(6)和(11),完成 STS 之间的协作;最后是步骤(7)~(10),SP 所在域 STS 与权威进行交互完成安全令牌签发。实际上,第一和第三阶段完成了两个异构域之间的安全身份的映射;而第二阶段则完成了 STS 之间的协作。

12.2.2 异构域身份映射机制

引入新的跨域安全令牌的获取模型后(图 12-8),可以看到,请求者所在域 STS 发出了安全令牌请求,安全身份已不再是请求者,而是由 STS 生成;同样,在安全令牌请求进入 SP 所在域后,将映射为 SP 域的身份,这样才能够由 SP 域的 STS 与权威交互生成安全令牌。可知,在请求者域和 SP 域中身份映射所完成的功能是不同的。

如图 12-9 所示,安全机制中有三类安全身份集合。

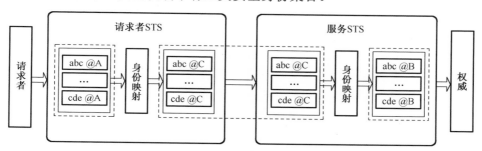

图 12-9 跨域身份映射机制

(1)请求者域中本地用户的身份集合。这是基于原有的安全设施的用户身份集合,如果安全机制是用户密码,则它可以是基于用户 Identity 标识;如果是 Kerberos 机制,则它为 Kerberos 票据的 Principal Name;如果是 X.509 机制,则它为 DN。

(2)STS 交互身份集合。由于两个 STS 之间存在直接的信任关系,在请求者请求 SP 中的安全令牌,即请求者 STS 向应用服务 STS 发出安全令牌请求时,在跨域安全令牌服务模型中,STS 交互的安全机制独立于两个域的安全机制,所以 STS 交互使用独立的身份集合,这个身份集合由双方协商得到。如图 12-9 中,服务域的 STS 提供给可以访问自己的身份如"abc@C",请求者 STS 可以使用这些身份,可以针对本域请求者的身份灵活进行映射,如对不同的身份采用不同的权限控制。

(3)服务域中本地用户的身份集合。这是基于服务域中原有的安全设施的用户身份集合,由于安全令牌经过 STS 协作签发给请求者之后,请求者使用安全令牌直接访问服务提供者,使用原有安全设施的用户身份,使服务提供者不必修改原有的安全认证机制,特别是权限控制。

在明确定义了异构域的身份映射机制的三类主体后，分别定义了三者之间的两个映射机制：

(1)请求者域中本地用户的身份映射到 STS 交互域用户身份。在 WS-Trust 模型中，请求者将自己的用户身份标识以安全令牌的方式封装在 SOAP 消息的 WS-Security 扩展头部，可以是用户密码、Kerberos 票据、X.509 证书、SAML 票据等。如图 12-9 中，请求者的身份信息将经过验证，然后由 STS 按照一定的策略替换为 STS 中交互身份信息，并且添加与权威交互之间必要的协商信息。

(2)STS 交互域用户身份映射到服务域中本地用户的身份。SP 域的 STS 将验证安全令牌请求信息中请求者 STS 的身份信息，即安全令牌，同时根据协商信息，与本地域权威协商，生成返回的安全令牌。返回的安全令牌和协商信息封装在 WS-Trust 中的<RequestSecurityTokenResponse>中，完成身份映射。

12.2.3　安全令牌服务协作

WS-Trust 规范中给出了协商(negotiation)和质疑(challenge)机制，用于在安全令牌的签发过程中交换必要的安全信息，如可以包含签名质疑，令牌签发方向请求者请求签名的要求，可以发出一段约定的随机码，由对方签名来防止一些安全攻击，如中间人攻击；此外也可以包含二进制交换和协商、交换密钥等。

另外，更重要的是，协商和质疑机制中定义了用户定制交换(custom exchange)扩展，用户可以在安全令牌的签发中交换任意的 XML 格式的信息，我们利用这一机制，将请求者、请求服务提供者的信息传递给 SP 域的 STS，从而可以使 STS 根据本安全域的特点，针对不同的 SP 生成不同的安全令牌来实现权限控制。

```
<wst:RequestSecurityToken>
    <wst:TokenType>
    http://www.buaa.edu.cn/securitytoken
    </wst:TokenType>
    <wst:RequestType>http://schemas.xmlsoap.org/ws/2005/02/trust/Issue
    </wst:RequestType>
    <sp:CustomExchange xmlns:sp=" http://www.buaa.edu.cn/sts">
    <sp:ServiceAddress>
    http://www.A.com/serviceprovider/service1
    </sp:ServiceAddress >
    </sp:CustomExchange>
    <wst:…>
    …
    </wst:…>
</wst:RequestSecurityToken>
```

　　上面是请求者域的 STS 向服务域的 STS 发出的安全令牌请求报文,其中包含了请求者想要访问的服务信息,同时还包含了 WS-Trust 规范定义的其他协商和质疑元素。跨域安全令牌服务包含服务信息与目前模型有着明显的不同:与 STS 间的协作相似,请求者向本地 STS 发出的请求中,也通过<sp:CustomExchange>传递了服务的地址信息,这个地址信息作为请求者请求安全令牌的标识,由 STS 之间协商并注册,请求者域的 STS 依据地址信息中的域信息查找注册对方域的 STS 的地址;同时,服务域的 STS 依据地址信息查找在其中注册的开放给对方域的本域服务,然后生成安全令牌。服务地址由 STS 的协作机制引入,极大地简化了用户接口和系统实现的灵活性。

　　在通常情况下,STS 之间的协商和质疑处理需要多次交互,在图 12-8 中省略了这些过程,这些复杂的交互过程增加了 STS 实现的难度,因此,在模型的实现上设计了令牌接入抽象,屏蔽了 STS 与多个异构域的 STS 交互时实现的难度。

12.2.4　安全性分析

　　跨域的安全令牌服务模型定义了 STS 协作机制和异构域身份映射机制,该模型的安全域如图 12-10 所示。

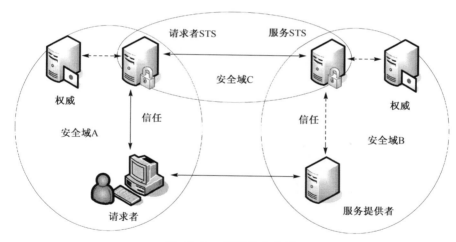

图 12-10　模型的安全域

　　针对服务领域的多数安全问题,模型均提供了相应的安全解决方法。

　　(1)保密性,在交互过程中,A 和 B 域的安全设施保证了用户与 STS 间的安全,而 STS 间通过了实现约定的安全机制保证服务访问的保密性,如可以使用 SSL 或 XML 加密机制对消息进行加密。

　　(2)授权,请求者在安全令牌请求中需要包含自己的身份信息,而本地域 STS 需要与本地域的授权中心交互进行验证。

(3) 消息完整性，请求者与本地 STS 间使用原有安全基础设施，由原有设施负责其消息完整性，而 STS 之间使用 WS-Security 中的数字签名保证完整性。

(4) 消息确认，使用 WS-Security 中的时间戳和数字签名保证消息来源且不是重复消息。

(5) 不可否认性，在 STS 间建立信任关系后，请求者 STS 发出的请求使用 WS-Security 数字签名，而服务 STS 使用请求者 STS 的公钥进行确认，保证请求者 STS 不能否认发出消息，保证不可抵赖。

此外，由于跨域安全令牌模型基于现有的安全规范和机制，针对网络安全中常见的其他安全性攻击，在 XML 签名[9](XML signature)、加密(XML encryption)、WS-Security 和 WS-Trust 中都进行了详细论述。

12.3　原型系统体系结构

按照跨域安全令牌服务模型，我们完成了模型实现的体系结构设计，基于此体系结构实现了跨域安全令牌服务。下面通过分层体系结构和运行时结构，综合介绍了跨域安全令牌服务的设计特点。

12.3.1　分层体系结构

为了实现跨域的安全令牌服务，各层以及每层的模块设计如下(图 12-11)。

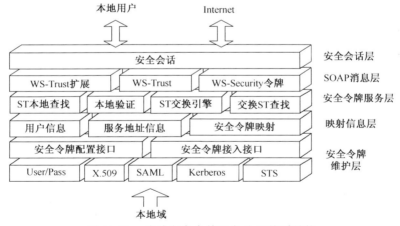

图 12-11　跨域安全令牌服务分层体系结构

1. 安全会话层

该层负责安全令牌服务与请求者、安全令牌服务之间的通信安全。作为一种 Web 服务，安全令牌服务首先要保证服务自身的安全，将安全会话作为独立的一层，可以将服务本身与具体的通信协议绑定解耦。可以基于原有的安全设施，采用成熟的安全会话协议，如 HTTPS 或 Kerberos；也可以依据安全域自身的结构实施，替换为更加安全的通信模块而无需改变安全令牌服务本身。

2. SOAP 消息层

这里的 SOAP 消息层主要实现对 WS-Trust 的 Web 服务规范绑定，其中，为了实现异构的安全令牌获取，实现了其中的签发绑定；同时，使用 WS-Trust 的协商机制，加入了服务地址信息的用户自定义扩展；此外，由于 WS-Trust 协议遵循了 WS-Security 规范存放安全令牌，也需要进行相应的支持，包括对三种基本安全令牌用户名密码、二进制令牌和 XML 令牌的格式封装支持。

3. 安全令牌服务层

安全令牌服务抽象为四个核心功能，包含安全令牌本地查找、安全令牌本地验证、安全令牌交换和交换安全令牌查找。

(1) 安全令牌本地查找模块，用在服务域中，它依据交换安全令牌模块得到的安全信息完成与服务域的权威交互构造安全令牌。

(2) 安全令牌本地验证模块，可以用在请求者域和服务域，与本地的权威交互完成本地用户和服务地址的合法性检查。

(3) 安全令牌交换模块，用在请求者域和服务域，它负责完成两个域之间的 STS 的协作，包含服务地址和其他安全信息，模块实现了跨域安全令牌服务间协作机制以及 WS-Trust 定义的协商机制。

(4) 交换安全令牌查找模块，用在请求者域，功能是通过查找本地用户身份与 STS 交换的用户身份之间的映射关系，确定请求者域 STS 与对方域 STS 交换时使用的安全令牌。

4. 映射信息层

映射关系维护了跨域的身份映射关系，在请求者域中，映射了本地用户身份和 STS 交换用户身份；在服务域中，映射了 STS 交换用户身份和本地用户身份，此外还映射了提供对外访问的服务与本地用户身份的映射。所以，映射信息维护包括了四部分存储。

(1) 用户的注册信息，有用户名和用户所在域，用于检查用户请求中用户的有效性，同时用于和权威交互验证用户身份。

(2) 服务地址，用来检查用户请求中服务的有效性。

(3) STS 交换身份集合与注册服务之间的映射关系，描述每个注册的服务可以由 STS 交换身份集合中那些用户访问，同时每个注册的服务对应一个安全令牌描述信息的描述。

(4) 安全令牌描述信息，包含安全令牌的类型、签发时间和失效时间、安全令牌接入模块及其配置信息。其中，安全令牌的配置信息根据其接入模块的不同而不同，如 X.509 证书如果以文件方式存储，则需指定证书库的存放路径和访问密码；而以服务进行签发获取则需要指定服务地址。

映射关系以服务接口的方式向上暴露，包含了上面的四种数据，在底层存储中允许使用不同的物理方案，如目前使用的关系数据库，也可以使用 LDAP 作为简单的映射关系存储。

5. 安全令牌维护层

为了可以在不同的安全环境中实现部署，跨域安全令牌服务提供一个具有良好的可扩展性的统一框架，定义了服务访问接口及其实现模块。安全令牌的维护被抽象为两组不同的接口：安全令牌接入接口和安全令牌配置接口。安全令牌维护层通过两组接口的一个具体实现模块接入一个安全域，完成与 CA 或 KDC 等本地权威的交互。

对于每种安全令牌，接入接口除完成安全令牌的获取，向上层服务提供特定的安全令牌外，同时还负责安全令牌的维护，如定期的更新。在设计中将接入接口抽象为包含安全令牌存储、获取和过期管理三方面的功能，通过接口实现可以方便地在系统中添加一个新的安全令牌接入模块。

为了统一令牌服务层的查询调用，接入接口接受令牌配置信息作为唯一参数，而这些配置信息的查询、持久化被抽象为安全令牌的配置接口，它是一段 XML 的描述，每种不同的安全令牌对应相应的配置信息描述。

在安全令牌的接入设计中，除了传统的 X.509 证书、Kerberos 票据、LDAP 的用户密码外，还实现了基于 XML 的 SAML 断言，除了安全令牌外，STS 构造安全令牌除了需要用户身份信息外，还可能用到一些其他的安全信息，如与 Identity Provider 交互获取身份信息、与属性服务交互获取属性信息、与假名服务交互获取假名等。

如图 12-12 所示，安全令牌维护接口拓展了 WS-Trust 和 WS-Federation 定义的几种安全令牌，将上面这些安全信息统一定义为安全令牌，使用几种扩展的安全令牌类型表示。这些类型信息供安全令牌的服务层服务使用。

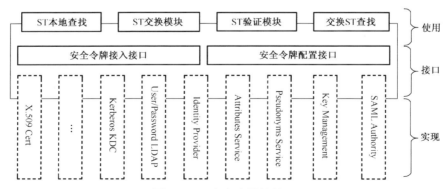

图 12-12　安全令牌维护层

12.3.2　运行时结构

静态的分层体系结构并不能描述系统在实际服务时各个模块之间的关系，所以我们引入了运行时的结构，图 12-13 描述了一次跨域安全令牌服务的请求和应答时系统的运行结构。

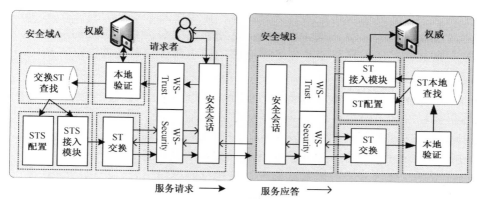

图 12-13　跨域安全令牌服务运行时结构

按照跨域安全令牌获取模型,安全令牌的请求发送和应答拥有不同的处理流程。其中，请求者发出的安全令牌请求分为如下几个阶段：

（1）请求者与本域 STS 的安全会话模块进行通信，获取 SOAP 报文。

（2）SOAP 层将 WS-Trust 和 WS-Security 规范中绑定的安全信息提取出来，包括头部包含的 WS-Security 定义的安全令牌和请求体中包含的 WS-Trust 信息。

（3）安全令牌层的本地验证模块与本地权威交互,对请求者请求中的用户身份进行验证。

（4）通过验证后，请求发送到交换安全令牌模块，请求者的 STS 查找本地用户的身份并映射为 STS 交换身份。

（5）获取 STS 交换身份后，交由安全令牌交换模块与服务域的 STS 交互获取安全令牌。

（6）而同时，服务域接收并且处理请求者发出的安全令牌请求，具体的处理步骤为下面几步。

（7）服务域 STS 的安全会话模块与请求者域 STS 的安全会话模块通信，接收安全令牌请求。

（8）SOAP 层将安全令牌请求中的 WS-Trust 和 WS-Security 规范中绑定的安全信息提取出来。

（9）安全令牌层的交换模块处理提取出的安全信息并完成对请求者域 STS 的协作机制。

（10）协作完成后，交换模块将安全信息交由本地验证模块，由其与本地权威交互对安全令牌请求中用户身份进行验证。

（11）通过验证后，请求发送到安全令牌本地查找模块，服务域 STS 查找 STS 交换身份并映射为本地用户的身份。

（12）获取本地安全令牌后，交由交换模块返还给请求者域的 STS。

从图 12-11 的分层结构中的安全令牌维护层可以看到，我们将跨域安全令牌服务的各个功能设计为模块完成一类功能，这使软件的架构和实现更加清晰，同时使得系统更加灵活，所以尽管服务在处理令牌的请求和应答时处理流程不同，但是各个模块可以实现复用。

再由图 12-13 可知，从请求者域的令牌请求进入服务域后，最终由本地查找模块，这里可以添加策略处理，可以对签发给 A 域的安全令牌的生命周期、权限等进行约束，然后按照约束条件进行安全令牌的查找，查找到相应的接入模块和配置信息后与 B 域认证中心交换，签发安全令牌，完成服务应答。

综上所述，通过分层的体系结构设计和运行时模块组合，可以清晰地看到系统如何实现图 12-7 中定义的跨域安全令牌服务模型。在设计上尽可能的将功能独立，实现不同功能的模块。

12.4　安全会话与协议封装

12.4.1　安全会话设计

安全会话模块是用户和安全令牌服务、安全令牌服务之间的通信接口，由于安全令牌服务的对外接口为基于 WS-Trust 的 Web 服务，所以传输协议绑定为 SOAP 消息，通常的 Web 服务都运行在 HTTP 协议上，所以在安全会话上，我们设计了 HTTPS 会话模块和基于 WS-Security 的 HTTP 会话模块。同时安全会话模块又分为服务端和客户端类。

由于跨域的安全令牌服务建立在 Apache Axis2 的 Web 服务实现基础上，同时 Axis2 又使用了 Apache Tomcat 的 HTTP 服务器，所以服务端的 HTTPS 由 Tomcat 提供。而 HTTPS 会话模块的客户端，JDK 中包含了访问 HTTPS 的 URL 类，可以和 HTTP 访问一样，直接打开 InputStream 进行访问，实现客户端的会话访问。

而基于 WS-Security 的消息会话模块，由图 12-7 可知两个安全令牌服务间可以使用基于 WS-Security 的会话机制，假设两个安全令牌服务基于的是 X.509 的 WS-Security 机制，则会话模块的实现流程如图 12-14 所示。

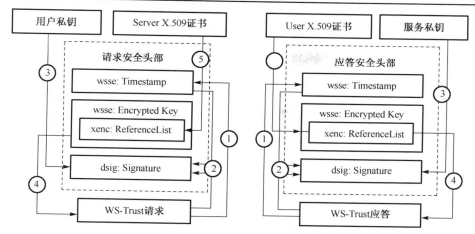

图 12-14　基于 WS-Security 的会话模块

如图 12-14 所示，会话的请求方和服务方互相拥有对方的证书，会话模块将按照 WS-Security 在 SOAP 头部添加几项安全元素，在请求方的安全元素为：

（1）按照 WS-Trust 安全令牌请求，添加时间戳，防止重放攻击。

（2）使用请求者的私钥对时间戳和 WS-Trust 安全令牌请求进行签名，表明此安全令牌请求由请求者发出，并防止篡改。

（3）签名使用的是请求者的私钥。

（4）请求者使用自己拥有的服务方的证书，用其中的公钥加密 WS-Trust 请求。

（5）加密使用的是服务方的公钥。

同样，在应答方的处理与此过程相同。可见在安全会话的实现中，利用了 XML 的加密机制，使用对方的公钥进行加密，保证只有对方可以收到消息；同时利用 XML 的签名机制，使用自己的私钥进行签名，而对方利用已经拥有的含有公钥的证书即可验证消息是否真正来自对方，防止篡改。

我们只实现了基于传输层的 HTTPS 和基于消息的 WS-Security 会话模块，由于会话单独作为一层提供服务，用户可以自行实现自己的安全会话层，如可以基于 GSS-API 实现 Kerberos 的安全会话、基于 WS-SecureConversation 实现基于对称密钥的安全会话等。

12.4.2　SOAP 协议绑定

跨域的安全令牌服务基于的是 WS-Trust、WS-Security 和 WS-Trust 协商机制中的用户自定义扩展，所以需要有相应的 XML 处理模块实现对上述三种 SOAP 头部消息，以及 SOAP Body 的解析（图 12-15）。

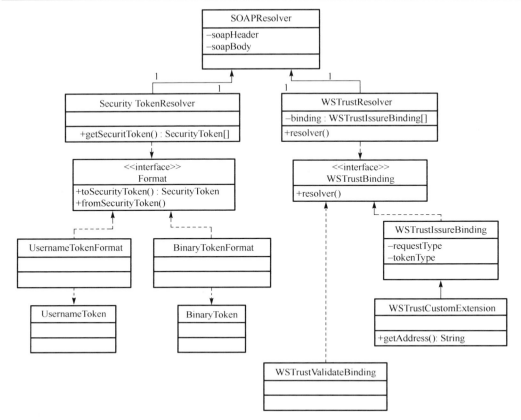

图 12-15　SOAP 协议绑定实现

其中，包含了用户自定义扩展的 WS-Trust 的请求如下：

```
<wst:RequestSecurityToken>
    <wst:TokenType>...</wst:TokenType>
    <wst:RequestType>...</wst:RequestType>
    <sp:CustomExchange>
        <sp:ServiceAddress>…</sp:ServiceAddress >
    </sp:CustomExchange>
    <wsp:AppliesTo>...</wsp:AppliesTo>
    <wst:Claims Dialect="...">...</wst:Claims>
    <wst:Entropy>
        <wst:BinarySecret>...</wst:BinarySecret>
    </wst:Entropy>
    <wst:Lifetime>
        <wsu:Created>...</wsu:Created>
```

```
        <wsu:Expires>...</wsu:Expires>
    </wst:Lifetime>
    ...
</wst:RequestSecurityToken>
```

可见，除了<wst:TokenType>、<wst:RequestType>、<sp:CustomExchange>，还可以包含其他安全信息，这里仅列出了其中的一部分，而这些安全信息由令牌接入层的接入模块提供。

得到安全令牌请求后，安全令牌服务的应答为：

```
<wst:RequestSecurityTokenResponse>
    <wst:RequestedSecurityToken>
        <xyz:CustomToken xmlns:xyz="...">...</xyz:CustomToken>
    </wst:RequestedSecurityToken>
    <wst:RequestedProofToken>
        <xenc:EncryptedKey Id="newProof">...</xenc:EncryptedKey>
    </wst:RequestedProofToken>
</wst:RequestSecurityTokenResponse>
```

安全令牌的返回可以包含除安全令牌外的其他信息，如密钥，同时也可以返回多个安全令牌。

约定安全令牌请求和应答消息的格式后，我们基于 WS-Security 的开源工具 Apache WSS4J 开发包解析其中的 WS-Security 包含的安全令牌格式，同时，由于 WSS4J 并没有实现 WS-Trust，所以我们使用 StaX 的 XML API 完成对 WS-Trust 请求和应答节点元素的解析和构造，同时完成对 WS-Trust 中包含服务信息的自定义扩展的解析和构造。

12.5 跨域安全令牌的签发实现

解决了安全令牌服务的访问会话和协议的封装之后，需要解决跨域安全令牌服务模型中定义的核心内容，即如何通过安全令牌服务的协作将用户的安全令牌请求发送到对方域的安全令牌服务中，并映射身份为令牌服务间的交换身份，同时安全令牌接到令牌请求后如何按照服务地址和交换身份查找签发给对方的安全令牌接入，最终签发给对方本域的安全令牌。

12.5.1 统一安全令牌标识

在异构安全域的环境中，众多的服务使得大量的安全令牌存在，有简单的用户密钥对，有传统的 X.509 证书和 Kerberos 票据，也有 SAML 断言，但是从安全令牌服务的功能出发，这些安全令牌都是用来保护服务的安全、服务依据令牌来对用户进行认证、检查用户身份，以及是否可以访问本地服务。因此，服务地址可以作为安全令牌请求的原始信息传递给安全令牌服务，安全令牌服务可以由此唯一确定需要实现外部访问并按照服务的性质控制签发给外部域的安全令牌。

对于请求方来讲，包括请求方所在域的安全令牌服务，在向对方发送安全令牌请求时，并不能知道对方域的安全令牌类型是什么，这里我们使用了自定义的安全令牌<wst:TokenType>，表示请求的安全令牌类型并不知晓。

安全令牌的请求者发出的消息为：

```
<wst:TokenType>
http://www.buaa.edu.cn/securitytoken
</wst:TokenType>
<wst:RequestType>
http://schemas.xmlsoap.org/ws/2005/02/trust/Issue
</wst:RequestType>
<sp:CustomExchange xmlns:sp=" http://www.buaa.edu.cn/sts">
    <sp:ServiceAddress>
    http://www.A.com/serviceprovider/service1
    </sp:ServiceAddress >
</sp:CustomExchange>
```

由前述跨域安全令牌服务模型可知，上面的<wst:TokenType>、<sp:CustomExchange>实际上构成了统一的安全令牌标识，逻辑上来讲，请求者用这样的请求唯一标识了一个安全令牌，其中起到决定作用的是包含服务地址自定义协商信息。

而目前，支持多种安全令牌管理的安全令牌服务，如 CredFed[10]使用了 X.509证书中特定的 DN 来定位安全令牌，这是 X.509 证书特定的属性，不具有一般性，所以从面向服务的思想来看，使用服务地址为安全令牌的定位提供了巨大优势，不同的服务可以对应不同的安全令牌，再加上用户信息，令牌服务可以有区分的对特定用户、特定服务签发特定安全令牌，从而实现区分服务。

其中<sp:ServiceAddress>中的地址信息采用服务域的完整域名和服务在服务域安全令牌服务中注册的逻辑名，这里服务域的完整域名用于请求域的安全令牌服务查找注册对方域的安全令牌服务地址。

而 <sst:ServiceAddress>中的地址信息也遵循了 WS-Addressing 中定义的Endpoint Reference 的格式，这样，在用户请求到达服务域后，安全令牌服务将按照其 Endpoint Reference 方便定位到请求者需要访问服务的信息，交由令牌本地定位查找模块进行查询。

12.5.2　异构域身份映射

由跨域的安全令牌服务模型中的身份映射机制可知，一次安全令牌的服务请求处理中有两次身份映射：

1）首先是请求者域中本地用户的身份映射到安全令牌服务交互域用户身份（图 12-16）

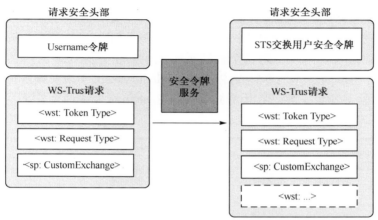

图 12-16　请求者域中本地用户的身份映射到安全令牌服务交互域用户身份

请求者将自己的用户身份标识以安全令牌的方式封装在 SOAP 消息的 WS-Security 扩展头部，经过验证后，然后由本域的安全令牌服务替换为交互用户身份；同时，安全令牌服务使用令牌接入获取其他安全信息添加到 WS-Trust 请求中，这依据了 WS-Trust 定义的协商和质疑机制。

2）安全令牌服务交互用户身份映射到服务域中本地用户的身份（图 12-17）

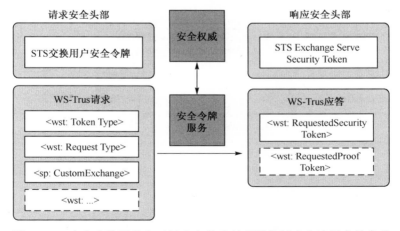

图 12-17　安全令牌服务交互用户身份映射到服务域中本地用户的身份

服务域的安全令牌服务首先验证 SOAP 头部的交换身份安全令牌，之后按照安全令牌请求中的服务地址信息由本地查找模块，查找接入实现的配置信息。根据配置信息确定需要的安全信息，从 WS-Trust 请求中取出相应的配置信息，然后初始化接入模块，与本地域安全权威协商，生成需要的安全令牌。返回的安全令牌和协商信息封装在 WS-Trust 中的<RequestSecurityTokenResponse>中，完成身份映射，最后还需要将服务端安全令牌服务的交换身份加载到 SOAP 头部。

按照跨域的身份映射机制，我们实现了安全令牌层，在其中完成了安全令牌在上述的两种映射机制。SecurityTokenService 首先使用 SOAP 协议绑定 SOAPResolver 解析安全令牌请求，同时使用三个辅助类实现了安全令牌服务的四项核心功能：TokenLocator 可以实现本地令牌查找、利用 IdentityMap 实现交换身份映射；使用 localValidate 验证安全令牌；使用 SearchTokenExchange 完成两个安全令牌服务之间的交互（图 12-18）。

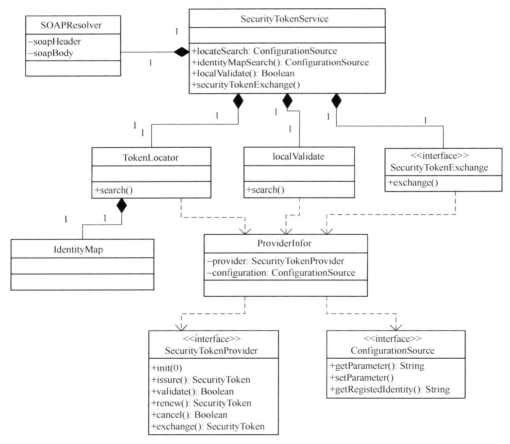

图 12-18　跨域身份映射实现

在功能实现中，安全令牌最终由安全令牌接入接口类 SecuirtyTokenProvider 和接入配置接口类 ConfigurationSource 提供。

12.5.3　安全令牌服务协作

WS-Trust 规范中给出的协商和质疑机制，可以用于在安全令牌的签发过程中交换必要的安全信息，信息可以包含签名质疑、二进制交换和协商、交换密钥等。在跨域的安全令牌服务模型中，利用协商机制扩展在安全令牌服务间交换了请求者需要访问的服务信息。

在通常情况下，安全令牌服务之间的协商和质疑处理需要多次交互，由图 12-16 可见 SecurityTokenExchange 接口抽象了这些过程，针对不同的安全域可能存在不同的交换安全信息，分为下列的几类：

(1)签名质疑，请求者在安全令牌请求中包含一个签名请求<SignChallenge>元素，发送一段二进制编码由接受者签名，签名使用<SignChallengeResponse>返回，签名可用于验证对方身份或在请求者不能完成签名时由对方完成。

(2)二进制交换，在安全令牌请求中包含一个签名请求<BinaryExchange>元素，发送一段二进制编码给接受者，这可以提供给接收者任何类型的二进制数据，使用 WS-Security 中的编码格式。

(3)密钥交换，在安全令牌请求中包含一个密钥请求<RequestKET>元素以及<KeyExchangeToken>，向接受者提出密钥交换请求，可以在安全令牌服务的协作中用于约定加密密钥等。

(4)用户自定义扩展，在安全令牌请求中可以包含任意用户自定义的<CustomExchange>元素，向接受者发送自定义的交换信息，我们利用这个机制传递了用户需要访问的服务地址。

由于 SecurityTokenExchange 接口定义，可以实现不同的安全信息交换以及与之对应的交互流程，用户按照安全令牌服务双方的约定具体实现交换模块。

12.5.4　安全令牌查找

包含在 WS-Trust 安全令牌请求中的定位信息描述最终交由令牌定位查找功能模块进行定位查找。在跨域安全令牌的分层架构中，有两类安全令牌的查找，实现如图 12-19 所示。

在跨域安全令牌服务的总体设计中，安全令牌服务层的本地查找和交换身份查找模块分别应用在服务域和请求者域。使用的是映射信息层提供的映射信息，根据查找域的不同分为下面两种情况：

(1)请求端，首先对请求端用户身份和安全令牌服务间交换身份的映射表查找，得到安全令牌接入配置和接入实现，然后使用这两个接口调用于安全权威交互得到安全令牌。

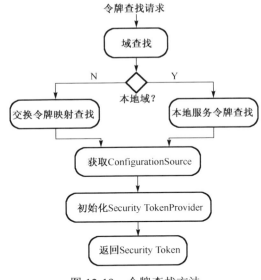

图 12-19　令牌查找方法

（2）服务端，首先对服务地址和本地用户身份的映射表查找，得到安全令牌接入配置和接入实现，然后使用这两个接口调用于安全权威交互得到安全令牌。

查找后获取的安全令牌将交由 WS-Security 令牌模块进行令牌编码，然后封装在 WS-Trust 应答消息中返回给用户。至此，完成安全令牌定位操作。

12.6　安全令牌接入抽象

在本章开始的模型分析中可以看到，现有跨域的服务访问模型并没有很好地解决与现有安全基础设施的交互问题，而跨域安全令牌服务模型中，安全令牌服务统一处理与本域安全权威（authority）的交互，因此在原型系统中设计了安全令牌维护层，提供一个具有良好可扩展性的统一框架，定义了服务访问接口及其实现模块。本节详细描述了如何抽象与本域安全权威的交互行为，统一定义访问接口，包括安全令牌接入接口和配置接口。

12.6.1　令牌接入接口

安全令牌服务需要与本地的安全认证中心交互，常见的有 PKI 的 CA、Kerberos 的 KDC、SAML 的权威服务，以及用户密码的 LDAP 服务器。类似于企业应用中的连接器，跨域安全令牌服务使用了安全令牌接入接口来与这些安全设施交互。

此外，从安全令牌维护层还可以知道，除了传统的安全令牌外，STS 构造安全令牌还可能需要用到一些其他的安全信息，如与 Identity Provider 交互获取身份信息、与属性服务交互获取属性新型、与假名服务交互获取假名等。所以，在跨域安全令牌服务模型中，这些安全信息都被认为是安全令牌，这样可以极大地降低定义令牌服务接口的难度。

在对令牌接入接口的抽象之前，首先应当明确安全令牌与本地权威的交互需要交换哪些安全信息，所以，我们对 WS-Trust 进行分析，按照 WS-Trust 的接口定义，安全令牌服务推荐具有如下的接口：

(1) 签发服务，签发是指安全令牌服务依据请求中的安全信息，签发一个安全令牌，并且可能生成检验信息。

(2) 更新绑定，更新提供了安全令牌和更新参数，重新生成需要的安全令牌。

(3) 撤销绑定，撤销将安全令牌提供给安全令牌服务，使之立即失效。

(4) 验证绑定，验证含有安全令牌的 SOAP 消息，生成状态令牌或者状态信息。

(5) 协商和质疑扩展，用于请求者与安全令牌服务之间的交互。

所以，在我们描述的跨域安全令牌服务体系结构中，安全令牌服务至少需要上面五个基本功能接口，其 UML 类图如图 12-20 所示。

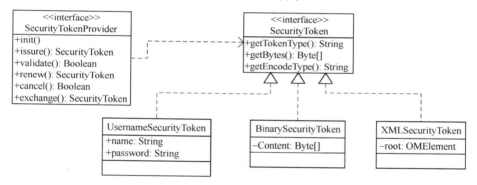

图 12-20　安全令牌接入接口定义

由图 12-20 可知，安全令牌接入接口屏蔽不同的安全认证机制，定义了签发、验证、更新、撤销和交换这五个最小化功能，接口使用了 SecurityToken 接口作为安全令牌表示，其有三个实现类：

(1) UsernameSecurityToken 和 WS-Security 中定义的用户密码安全令牌一致。

(2) BinarySecurityToken，这包括了 WS-Security 机制中定义的 X.509 证书、Kerberos 票据，还包括 WS-Trust 机制中的二进制安全信息。

(3) XMLSecurityToken，包括了 WS-Federation 中定义的 SAML 和 XrML 令牌，也包括了与属性和假名服务对话的返回值等可以表示为 XML 的安全信息。

SecurityToken 接口的方法 getTokenType 返回安全令牌的类型，表 12-1 列出了一些支持的安全令牌。

表 12-1 安全令牌类型

类型	值
Username	http://schemas.xmlsoap.org/ws/2002/04/secext/PasswordDigest http://schemas.xmlsoap.org/ws/2002/04/secext/PasswordText
X.509v3	http://schemas.xmlsoap.org/ws/2002/04/secext/X509v3
Kerberos5 TGT	http://schemas.xmlsoap.org/ws/2002/04/secext/ Kerberosv5TGT
Kerberos5 ST	http://schemas.xmlsoap.org/ws/2002/04/secext/Kerberosv5ST
PublicKey	http://schemas.xmlsoap.org/ws/2005/02/trust/PublicKey
SymmetricKey	http://schemas.xmlsoap.org/ws/2005/02/trust/SymmetricKey
SAML	SAML
Identity	http://schemas.xmlsoap.org/ws/2005/02/trust/Identity
Attributes	http://schemas.xmlsoap.org/ws/2005/02/trust/Attributes
Pseudonym	http://schemas.xmlsoap.org/ws/2005/02/trust/Pseudonym

同时，由 SecurityToken 接口的方法 getEncodeType 可以得到令牌的编码类型，对应到三种安全令牌：用户密码、二进制和 XML，之后令牌交由 SOAP 层进行协议封装。

由前面的分析可知，每一个令牌接入实现会连接到一类安全权威，类似于企业应用中的连接器，然而定义中的五种方法并非所有的接入都需要实现，如 Kerberos 连接中的签发和交换较为重要，而其他方法则在安全机制上并没有用处；同理，SAML 中签发和验证则较为重要。所以，在接入实现上，可以灵活实现相应的方法，选择适合本地安全基础设施安全机制的方法（图 12-21）。

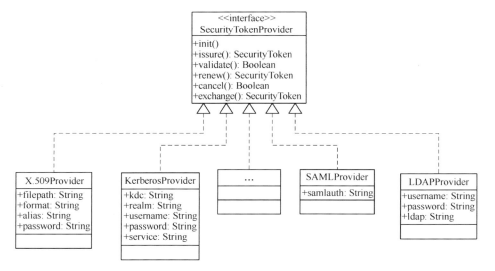

图 12-21 安全令牌接入实现

同时，安全接入抽象了多种安全权威，提供多种安全令牌，而与安全权威的交互又需要安全令牌服务提供大量的参数信息，所以我们设计了令牌接入配置接口，通过统一的配置信息接口将访问安全权威所需的信息注入。

12.6.2 令牌接入配置接口

令牌接入配置接口将与不同安全认证中心交互所需的复杂配置信息独立抽象出来，保证了安全令牌服务层使用接口的简洁。由于安全令牌的接入模块根据配置信息获取相应的安全令牌，配置信息和相应的接入模块实例是一一对应的。

X.509 接入模块需要提供相应的证书库路径、别名等信息：

```
<SecurityTokenSource provider="X509Provider">
    <Parameter name="filepath">c:\cert.cert</Parameter>
    <Parameter name="format">JKS</Parameter>
    <Parameter name="AliasName">x1115</Parameter>
    <Parameter name="Password">password</Parameter>
</SecurityTokenSource>
```

而 Kerberos 则需要提供 KDC 地址、服务地址等信息：

```
<SecurityTokenSource provider="KerberosProvider">
    <Parameter name="kdc">kdc.example.com</Parameter>
    <Parameter name="realm">EXAMPLE.COM</Parameter>
    <Parameter name="tokentype">STS</Parameter>
    <Parameter name="username">username</Parameter>
    <Parameter name="password">password</Parameter>
    <Parameter name="service">servicepath</Parameter>
</SecurityTokenSource>
```

由 X.509 和 Kerberos 的接入配置信息可知，令牌接入配置接口使用一个 XML 文本进行描述，同时配置信息也可以实现在其他载体的持久化，如可以在关系数据库、LDAP 存储配置信息，也可以使用 Java Properties 文件描述。由此，令牌接入配置接口如图 12-22 所示。

令牌接入配置接口将配置信息定义为参数，安全令牌接入 SecurityTokenProvider 实现使用 ConfigurationSource 的 getParameter 方法得到需要的参数值，所有的参数值使用字符串表示，SecurityTokenProvider 使用参数值初始化与安全权威交互所需要的参数信息。

如图 12-22 所示，每种安全令牌接入实现都对应了一种 ConfigurationSource 实现，而同时，采用不同的配置信息持久化方案，如都是 X.509 的配置接口，但是持久化采用数据库和 LDAP 将对应不同的配置接口实现。

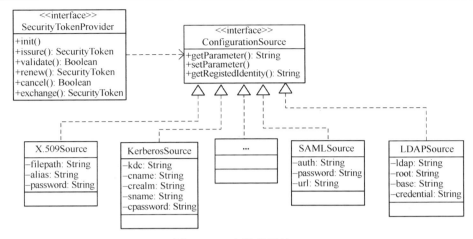

图 12-22　　令牌配置接口

12.7　安全令牌接入实现

跨域安全令牌服务的实现中，安全令牌服务统一处理与本域安全权威的交互，通过抽象与本域安全权威的交互行为，统一定义了安全令牌接入接口和配置接口。本节将详细描述常见的四类安全令牌的接入接口和配置接口实现，并且总结实现一个自定义的安全令牌接入需要注意的设计原则。

12.7.1　X.509 接入实现

X.509 证书是目前最为常见的安全令牌，作为 PKI 的安全基础，并且在相当多的领域得到应用，常见的 X.509 证书都以文件的方式存储在文件系统中，也有在线获取的机制或者存储在数据库中。

如图 12-23 所示，X.509 证书包含版本、序列号、签名算法、颁发者 DN、有效期组成的头部，同时包含了主体即证书持有者 DN、主体公钥包括了算法标识和公钥，此外，可选的字段为签发者唯一标识、主体唯一标识、持有者唯一标识和扩展字段。

X.509 通常储存在文件中，采用下列编码格式：

（1）PEM 实质上是 Base64 编码的二进制内容，再加上开始和结束行，如证书文件的"-----BEGIN CERTIFICATE-----"和"-----END CERTIFICATE-----"，存储用 Base64 编码的 DER 格式数据，用 ASCII 报头包围，因此适合系统之间的文本模式传输。

（2）辨别编码规则（DER），可包含所有私钥、公钥和证书，它是大多数浏览器的缺省格式，并按 ASN1 DER 格式存储，它是无报头的。

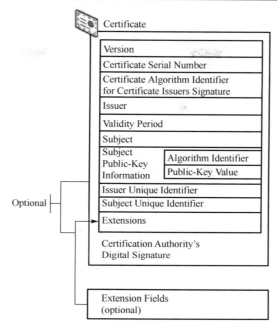

图 12-23　X.509v3 的证书格式

（3）公钥加密标准（PKCS#12），可包含所有私钥、公钥和证书，以二进制格式存储，也称为 PFX 文件，使用 ASN.1 编码。通常作为加密的办公密钥证书交换格式。

（4）KeyStore、Java 使用的证书存放格式，使用 Java 自定义编码格式。

在 X.509 安全令牌的接入实现中，支持了上述的 4 种安全令牌类型，配置接口实现为如表 12-2 所示。

表 12-2　X.509 令牌接入配置接口参数

参数名称	说明
filepath	指定证书存放的文件路径
format	指定证书的存储格式，可以是 JKS、PEM、DER、PKCS#12
alias	指定证书存储中的别名，在格式为 JKS 和 PKCS#12 时有效
password	指定访问证书存储的密码

定义令牌接入的配置接口后，基于 JDK 的 KeyStore 访问 API 和开源软件 BouncyCastle 开发包，实现了 X.509 的令牌接入模块，支持多种存储格式（图 12-24）。

在具体应用中，使用 X.509 证书配置信息，使用本节的配置接口和接入实现，即可方便地使用 X.509 令牌接入。同时，需要与安全权威动态交互获取 X.509 证书，也可以遵循此接口。

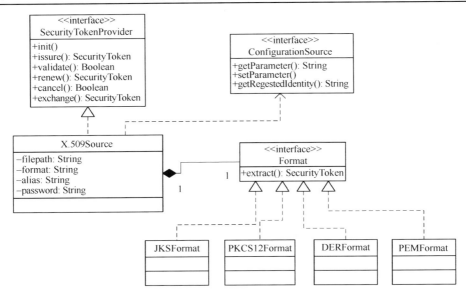

图 12-24　X.509 Provider 实现

12.7.2　Kerberos 接入实现

Kerberos 最早作为麻省理工学院的校园安全基础设施，之后进入 RFC1510，至今已经发展到第 5 版，是一个较为成熟的安全认证协议。Kerberos 提供了一系列方法验证 Principal 标识。

在 Kerberos 模型中，安全令牌的分发中心包含了 TGS（ticket granting server）和 AS（authentication server），统称为 KDC（Kerberos distribution center）（图 12-25）。

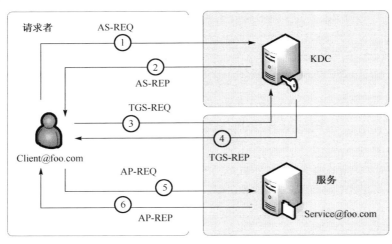

图 12-25　Kerberos 令牌服务

在 Kerberos 的服务使用模型中，按照交互过程的 6 个步骤定义了 6 类：

（1）AS-REQ（authentication server request），是客户端访问 Kerberos 的 AS 服务获取 TGT 安全令牌的请求，在其中包含了客户端标识、所在域名，同时指定了一些 Kerberos 的选项，以及签发的 TGT 票据的失效时间，在请求中可以包含客户端的地址信息，但是跨域的安全令牌签发不应在其中包含地址信息，所以 RFC 1510 中定义了不带地址信息的票据。

（2）AS-REP（authentication server response），是客户端访问 Kerberos 的 AS 服务获取 TGT 安全令牌的应答，在其中包含了客户端标识、所在域名，同时最为重要的是包含了 TGT 票据，此外应答中包含了一个加密字段，加密字段包含了一个对称密钥 Session Key、返回交互的时间记录等。

（3）TGS-REQ（ticket granting server request），是客户端访问 Kerberos 的 TGS 服务获取 ST 安全令牌的请求，在其中包含了一个 PA-DATA 字段，在 PA-DATA 中包含了 AP-REQ 结构和一个认证头部，在认证头部中包含了客户端获取的 TGT，并且指定了认证服务器、所在域名、校验等信息。

（4）TGS-REP（ticket granting server response），是客户端访问 Kerberos 的 TGS 服务获取 ST 安全令牌的应答，在其中包含了一个 PA-DATA 字段，在 PA-DATA 中包含了 Principal 名称、ST 安全令牌，此外包含一个加密字段，在加密字段中包含了对称加密 Session Key、返回交互的时间记录等。

（5）AP-REQ，是客户端访问服务的请求，除了包含必要的 ST 安全令牌外，还包含了一个安全认证头部，在认证头部中包含了客户端获取的 TGT，并且指定了认证服务器、所在域名、校验等信息。

（6）AP-REP，是客户端访问服务的应答，在应答中只包含了一个加密字段，其中包含了时间记录，同时可以包含一个 Session Key 和序列号。

在上面的 AS-REP 和 TGS-REP 中包含了跨域的安全令牌服务模型中定义的两种 Kerberos 安全令牌：Kerberos TGT 和 Kerberos ST，按照 RFC 1510，这两种安全令牌遵循相同的格式，如图 12-26 所示。

在票据中定义了格式、所在域的域名，如果票据是 TGT 时标识 TGT 服务；在 ST 票据时标识保护的服务。最后包含了一个加密字段：其中包含了 Kerberos 中的选择标识、一个密钥、TGT 时为会话密钥（session key），ST 时为子会话密钥（sub-session key），此外还包含了客户端信息和访问时间记录。

在 Kerberos 的接入实现中，我们使用开源的支持

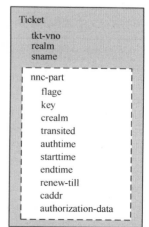

图 12-26　Kerberos 票据格式

ASN.1 编码的开发包 BouncyCastle 实现了 Kerberos 的上述几种报文格式，开发了 K 接入模块，完成与 KDC 交互的四种报文的封装和用户与服务交互报文，统一返回 TGT 和 ST 安全令牌。

　　如表 12-3 所示，Kerberos 的配置接口保存了访问 KDC 所需要的完成参数，这样 Kerberos 的接入就可以自动完成与 KDC 的交互，获取 TGT 令牌和 ST 令牌。主要实现类如图 12-27 所示。

表 12-3　　Kerberos 令牌接入配置接口参数

参数名称	说明
kdc	指定 KDC IP 地址或域名
cname	指定请求者名
crealm	指定请求者所在域名，请求 TGT 令牌时和 sname 相同
cpassword	指定请求者密码，用来获取会话密钥
sname	指定请求的 KDC TGT 服务的名称

　　如图 12-27 所示，Kerberos 的接入实现 KerberosProvider，使用 Binding 负责与 Kerberos KDC 的网络通信，获取 TGT 和 ST，同时包含了 STS 和 KDC 的会话密钥和用户服务间的会话密钥。此外，KerbMessageBuilder 构造了 6 种 KerbMessage，即 Kerberos 协议中的报文。

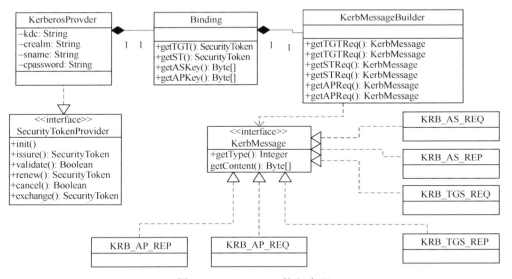

图 12-27　Kerberos 接入实现

　　利用配置参数中的用户信息，Kerberos 按照 ASN.1 格式解析这 6 种报文，从中解析出安全令牌和会话密钥。由于 Kerberos 协议的约定，在获取 ST 之前需要用户提供 TGT 和对应的会话密钥。

在具体应用中，使用 Kerberos 证书配置信息，使用本节的配置接口和接入实现，即可方便地使用 Kerberos 令牌接入模块与安全权威动态交互获取 Kerberos TGT 和 Kerberos ST 安全令牌。需要注意在处理令牌请求中，在获取 ST 令牌之前首先需要与 KDC 进行交互获取 TGT 令牌(图 12-28)。

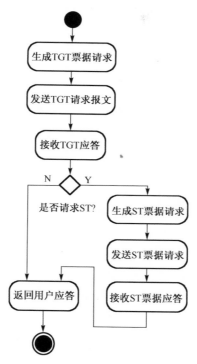

图 12-28　Kerberos 令牌获取

12.7.3　SAML 接入实现

在 WS-Federation 中对 Web 服务中的 SAML 令牌进行了下面的约束：

(1)除非使用安全通道传递该令牌,否则令牌必须包含颁发机构在整个令牌期间的签名，即通过 SAML 断言的签名元素。需要注意的是，建议使用签名，即使是使用安全通道也是如此。

(2)令牌必须包含主题标识符，以唯一地标识出被授予此令牌的主题。SAML 并不指定 NameIdentifier 元素的规则。遵守此规范的 SAML 断言应该确保颁发的标识符在各领域中是唯一的，并且该领域应该从主题标识符中派生出来。

(3)令牌应该包含指示使用范围(如资源或领域)的接收者标识符，即 SAML 断言中的 AudienceRestriction 或 Recipient 元素。

（4）令牌必须包含初始身份验证的时间、有效性时间间隔，以及执行的身份验证类型。SAML 断言中的有效性时间间隔是通过 Conditions 元素的 NotBefore 和 NotOnOrAfter 属性来满足的。初始身份验证类型和时间是通过 AuthenticationStatement 元素的属性来包含的。

（5）令牌可以包含其他的标识信息。如果包含了其他信息，则描述这些其他信息的架构必须能被接收者所理解，否则，该令牌"必须"被拒绝。

在 SAML 2.0 版本中定义了 SAML 权威对外的访问协议绑定，SAML 以 XML 的格式可以在不同的协议栈上传输。

1）SOAP 绑定

SOAP 是一个分布式环境中交换结构信息的轻量级协议，可以在底层的不同协议上交换信息，SAML 的 SOAP 绑定是一个简单的请求应答协议：请求者在 SOAP 消息体中传输一个 SAML 请求；SAML 应答返回一个 SAML 响应或一个 SOAP FAULT，SOAP 的 SAML 绑定必须实现 HTTP 上的绑定。

2）Reverse SOAP（PAOS）绑定

Reverse SOAP 绑定定义了 HTTP 请求者可以作为一个 SOAP 响应或一个 SOAP Intermediary 作为一个 SAML 请求者，和 SOAP 绑定相同，请求和应答机制不同：HTTP 请求者发送一个 HTTP 请求发送给 SAML 请求者，SAML 请求者返回一个 HTTP 响应包含 SAML 请求消息的 SOAP Envelop；HTTP 请求者发送一个 HTTP 请求到原有的 SAML 请求者，包含了 SOAP Envelop 中的 SAML 响应消息，SAML 请求者响应一个 HTTP 应答返回前面 HTTP 请求者。

3）HTTP 重定向绑定

HTTP 重定向绑定定义了在 URI 参数中传输这样的机制，所以不太大的 SAML 信息可以在 URI 中进行传输，这个绑定定义了在 URI 中的编码格式。

4）HTTP POST 绑定

HTTP POST 绑定定义了在 HTTP POST 消息中传输这样的机制，SAML 请求和应答信息可以通过 POST 中进行传输，绑定定义了在 HTTP Form 控件中的编码格式。

5）HTTP Artifact 绑定

Artifact 用来代表一个 SAML 请求或响应的引用，减少在请求者和应答者之间的传输信息量，它是一段二进制值并使用 Base64 编码，规范定义了封装格式。请求者在 HTTP 头部包含编码的 Artifact，并按照 Artifact 解析发送 SAML 请求。

因此，在 SAML 的接入模块的设计中，采用了绑定和 SAML 构造独立的机制，如图 12-29 所示。

如图 12-29 所示，收到由安全令牌服务层发来的令牌请求后，SAML 接入模块首先根据配置信息提供的参数构造 SAML 断言请求，再交由不同的传输协议绑定与 SAML 权威交互获取 SAML 断言。由于 SAML 断言的种类众多，可以实现不同的

SAML 接入实现而不用实现下层传输绑定，这与 X.509 和 Kerberos 的接入实现有很大的不同。

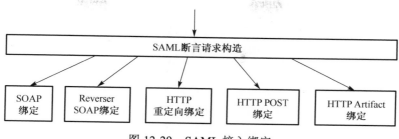

图 12-29　SAML 接入绑定

利用开源软件 openSAML，我们实现了一个样例的 SAML 接入实现（图 12-30），SAML 断言的请求报文格式和具体的服务有较多的依赖，但是同时我们实现了基于 SOAP 的绑定，处理和网络相关的内容，所以用户仍然可以很方便地开发新的 SAML 接入模块。

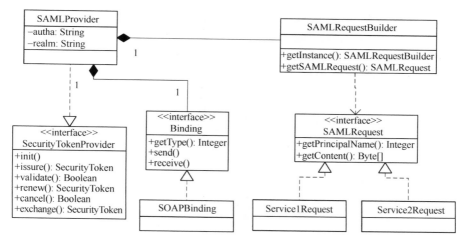

图 12-30　SAML 接入实现

12.7.4　用户密码 LDAP 接入实现

使用用户名和密码来验证用户的身份是最普通也是最常见的方法，虽然在安全性方面比较弱，但由于其运用的广泛性还是成为了 WS-Security 目前所支持的 Security Token 之一。其原理非常简单，用户在发送请求的时候，在 SOAP 报文头部中加入自己的用户名及密码，接受请求的服务通过之前与客户端建立的共享密码来验证密码的合法性从而实现鉴别用户的功能。用户名和密码最为常见的是 LDAP 的存储方法，特别是在企业应用中。

　　LDAP 协议于 1993 年获批准，产生 LDAPv1 版，1997 年发布最新的 LDAPv3 版，该版本是 LDAP 协议发展的一个里程碑，它作为 X.500 的简化版提供了很多自有的特性，使 LDAP 功能更为完备。

　　目录是一个为查询、浏览和搜索而优化的专业分布式数据库，它成树状结构组织数据，就好像Linux/UNIX 系统中的文件目录一样。目录数据库和关系数据库不同，它有优异的读性能，但写性能差，并且没有事务处理、回滚等复杂功能，不适于存储修改频繁的数据。所以目录天生是用来查询的，就好像它的名字一样。目录服务是由目录数据库和一套访问协议组成的系统。

　　LDAP 的这些协议定义了 LDAP 的内容，包括：

　　(1)定义了一个信息模型，确定了 LDAP 目录中信息的格式和字符集，如何表示目录信息(定义对象类、属性、匹配规则和语法等模式)。

　　(2)定义了命名空间，确定信息的组织方式——目录树 DIT，以 DN 和 RDN 为基础的命名方式，以及 LDAP 信息的 Internet 表示方式。

　　(3)定义了功能模型，确定可以在信息上执行的操作及 API。

　　(4)定义了安全框架，保证目录中信息的安全，定义匿名、用户名/密码、SASL 等多种认证方式，以及与 TLS 结合的通信保护框架。

　　(5)定义分布式操作模型，基于指引方式的分布式操作框架。

　　(6)定义了 LDAP 扩展框架。

　　LDAP 中定义了存放用户名和密码的 Schema，利用 DN 找到用户，再查询用户对应的密码信息，所以其令牌接入配置接口定义为：

```
<SecurityTokenSource provider="UsernameLDAPProvider">
    <Parameter name="address">ldap://127.0.0.1/</Parameter>
    <Parameter name="binddn">dc=buaa,dc=edu</Parameter>
    <Parameter name="authentication">simple</Parameter>
    <Parameter name="principal">cn=Manager,dc=buaa,dc=edu</Parameter>
    <Parameter name="credential">password</Parameter>
    <Parameter name="attribute">password</Parameter>
</SecurityTokenSource>
```

　　其中，配置信息包含了访问 LDAP 服务器所需的必要参数信息：

　　(1)address，指定 LDAP 服务器的地址，如果端口号不是默认则需要进行指定。

　　(2)binddn，指定了 LDAP 的域名称。

　　(3)authentication，指定了访问 LDAP 服务器的认证方法。

　　(4)principal，指定了访问 LDAP 需要的管理员账户。

　　(5)credential，指定了访问 LDAP 管理员账户的密钥。

　　(6)attribute，指定了访问 LDAP 中密码属性的名称。

基于 JNDI 实现了 LDAP 的接入模块，使用了配置实现所包含的参数信息：

```
{    Hashtable env=new Hashtable();
     String root="dc=yuanxia,dc=com";
     env.put(Context.INITIAL_CONTEXT_FACTORY ,"com.sun.jndi.ldap.
         LdapCtxFactory");
     env.put(Context.PROVIDER_URL, "ldap://localhost:389/"+root);
     env.put(Context.SECURITY_AUTHENTICATION, "simple");
     env.put(Context.SECURITY_PRINCIPAL, "cn=Manager" +"," + root);
     env.put(Context.SECURITY_CREDENTIALS, "password");
     DirContext ctx=new InitialDirContext(env);
     Attributes attrs=ctx.getAttributes("cn=user");
     String password= attrs.get("password").get();
     ctx.close();  }
```

在具体应用中，使用上面的配置信息和接入实现，即可方便地使用用户名密码令牌接入模块与 LDAP 交互获取安全令牌。

12.7.5 自定义接入实现原则

在前面章节中，我们详细描述了常见的四类安全令牌的接入接口和配置接口实现，由于篇幅关系，这里将不再继续描述其他安全令牌接入实现。由于使用了较灵活的接口定义，用户可以实现自己的安全令牌接入模块，用来与本地安全基础设施进行交互，获取提供给安全令牌服务层的安全信息。这里，我们将总结实现安全令牌接入时需要注意的设计原则。

1. 集中实现同类令牌接入模块

由 X.509 证书的接入实现可知，该模块实现了所有存储在文件系统中的 X.509 证书的接入问题，如果每类存储格式都对应一个接入实现，将增加安全令牌接入数量难以使用的可能。

2. 合理定义配置信息

由于安全基础设施千差万别，安全令牌和获取的交互也五花八门，而通常情况下，在一个安全域内部署的安全令牌接入模块只有一种，所以在配置信息的定义上要合理考虑安全令牌服务层本地查找模块的易用性和接入接口实现模块的易用性。

3. 接入模块遵循重用原则

由 SAML 的接入模块实现可以看到，虽然 SAML 的请求构造可能在不同的安全域内格式和内容上也有所不同，但是接入模块实现了不同的协议绑定，所以在不同的安全域中也可以复用这些模块，降低实现的难度。

参 考 文 献

[1] Prateek M, Rob P, Steve A, et al. OASIS Security Services（SAML） TC. OASIS. http://www.oasis-open.org/specs/index.php#samlv2.0. 2005.

[2] Steve A, Jeff B, Toufic B, et al. Web Services Trust Language （WSTrust）,v.1.1. ftp://www6. software.ibm.com/software/developer/library/ws-trust.pdf. 2004.

[3] Siddharth B, Giovanni D, Brendan D, et al. Web Services Federation Language （WS-Federation） version 1. 0 [EB/ OL]. http://www-106. ibm. com/developerworks/library/wsfed/. 2003.

[4] Tuecke S, Welch V, Engert D, et al. Internet X.509 Public Key Infrastructure（PKI） Proxy Certificate Profile （RFC 3820）. IETF Network WG. http://www.ietf.org/rfc/rfc3820.txt. 2004.

[5] Neuman B C, Ts'o T. Kerberos: an authentication service for computer networks. IEEE Communications, 1994, 32 （9）:33-38.

[6] GridShib. http://gridshib.globus.org/. 2009.

[7] Nadalin A, Kaler C, Hallam B P. Web Services Security1.0. OASIS. http://docs.oasis-open.org/ wss/2004/01/oasis-200401-wss-soap-message-security-1.0.pdf. 2004.

[8] Martin J, Marc H, Noah M. Simple object access protocol（SOAP）v1.1. W3C. http://www.w3. org/TR/soap/. 2003.

[9] Takeshi I, Blair D, Ed S, et al. XML signature syntax and processing. W3C. http://www.w3.org/ TR/xmldsig-core/. 2002.

[10] 罗琛，李沁. 网格环境中跨异构域身份鉴别系统的研究与实现. 计算机工程，2005, 31（22）:67-69.

第 13 章

网格互操作案例分析

13.1 案例 1：GOS 与 gLite 的互操作

13.1.1 互操作组件描述

1. GOS 到 gLite

要实现从 GOS[1]访问 gLite[2]的操作需要实现两个组件的功能：Broker JobManager 和 GridSAM4gLite2，如图 13-1 所示。

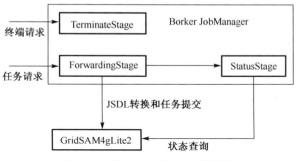

图 13-1　从 GOS 到 gLite 的操作

1）Broker JobManager

该组件提供了对 GridSAM JobManager 体系结构的扩展；实现了 JSDL 作业的转化和作业状态的查询操作；负责进行不同版本 JSDL 文档之间的转化。

2）GridSAM4gLite2

该组件实现了作业在 Broker JobManager 和 EGEE WMProxy 服务器之间的转发。其将必要的文件下载到批作业网关，如脚本文件下载到批作业网关进行必要的增强操作；将 JSDL 文档转化为 JDL 文档，并提交作业到 gLite WMProxy 服务器，并且查询状态，等待作业执行返回。

2. gLite 到 GOS

要实现从 gLite 访问 GOS 的操作同样需要实现两个组件的功能：Extended
LCG-CE 和 GridSAM4GOS，如图 13-2 所示。

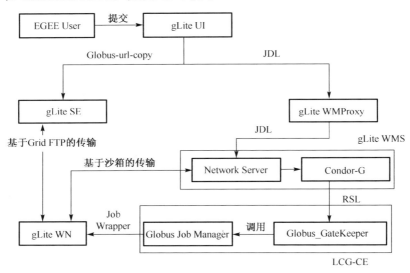

图 13-2　从 gLite 到 GOS 的操作

1) Extended LCG-CE

该组件扩展了 Perl 语言版本的 Globus JobManager，被 Globus Gatekeeper 调用。
解析 Gatekeeper 传递的 RSL 文件，提取有效的信息，包括：JobWrapper 下载地址、
LB_SEQUENCE_CODE 等；globus-url-copy 操作将 JobWrapper 文件下载到本地的临
时工作目录；将 JobWrapper 文件切割为 download、submit 及 upload 三个有效部分；
执行下载操作将必要的文件下载到本地；将 JDL 中指定的 Executable 文件下载的本
地，执行必要的 refinement 操作；将 submit 操作替换为提交作业到 GridSAM4GOS，
在这一过程中 JSDL 被创建及使用；查询已提交作业的状态，如果执行完成，则调
用 upload 脚本，将必要的文件上传到 gLite RB 服务器上；如果执行失败，则返回
Failed 状态。

2) GridSAM4GOS

该组件实现作业在 Extended LCG-CE 和 GOS Installation 之间的转发，和 Broker
模块所起的作用类似；作业转发、状态查询及必要的 JSDL 格式转化工作。

13.1.2　作业状态对应

在 gLite 中，一共包含 12 种状态，其中过程状态 6 种，终止状态 6 种。正常执
行时其作业状态迁移如图 13-3 所示，全部状态的迁移如图 13-4 所示。

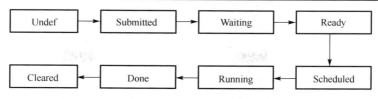

图 13-3　正常执行情况下 gLite 作业状态迁移图

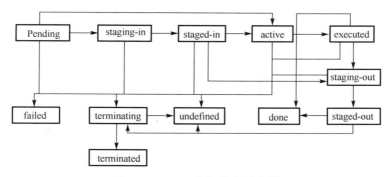

图 13-4　gLite 全部状态迁移图

6 种过程状态之间的转化关系如下：

（1）Undef，作业处理操作的开始状态，类似于 GridSAM 中的 Pending。

（2）Submitted，表明作业已经被提交到 gLite WMS 模块。

（3）Waiting，等待被处理。

（4）Ready，需要的数据已经被上传，等待调度。

（5）Scheduled，作业已经被成功 MatchMaker 调度。

（6）Running，作业已经在 gLite WN 节点上处于运行状态。

6 种终止状态的含义如下：

（1）Done，作业处理已经结束，可能是成功结束或者是执行失败，需要进一步判断。

（2）Cleared，作业处理成功结束，而且结果文件已经被用户从 gLite WMS 服务器上下载。

（3）Aborted，作业重试执行 3 次以后失败，被 gLite WMS 服务器终止。

（4）Cancelled，作业执行被用户取消。

（5）Unknown，作业由于某些原因处于未知状态。

（6）Purged，作业被挂起，不继续执行。

13.1.3　数据互操作

在互操作网关中，数据的传输通过如下几种途径实现。

（1）CNGrid 用户将数据直接上传到 SRM[3]服务器上。

（2）可执行脚本被用户从 SRM 服务器上下载到批作业网关进行增强操作，通过 InputSandbox 的方式上传到 gLite WMProxy 服务器上。

（3）作业在 gLite WN 上执行过程中，分别和两个服务器交互。

通过 jobwrapper 文件中的 globus-url-copy 命令和 gLite WMS 服务器上对应的工作目录交互，采用 InputSandbox 模式将 euchinagrid_jobwrapper.sh 下载到本地，同时，采用 OutputSandbox 模式 stdout.log 和 stderr.log 写回到服务器端。

通过在 euchinagrid_jobwrapper.sh 文件包含的 globus-url-copy 命令将参数文件从 SE 端下载到本地，同时将结果文件上传到 SE 端。

在 gLite 中主要采取两种类型数据传输机制。

1. Sandbox-based Transfer

采取 Sandbox 传输的数据按照下列流程执行：

（1）用户将数据从 gLite-UI 上传到 gLite WMS 服务器上为作业创建的临时工作目录。

（2）作业执行过程中，从 gLite WMS 服务器下载到 gLite WN。

（3）作业执行完成以后，从 gLite WN 上传到 gLite WMS 服务器。

（4）用户从 gLite WMS 服务器上将数据下载到 gLite UI。

Sandbox 方式仍然采取 GridFTP 协议作为底层的数据传输协议，但由于数据需要经过多次传输，所以效率较低。同时由于 gLite WMS 服务器需要在服务器上维护临时工作目录，所以采用 Sandbox 模式传输的数据量较小。

脚本文件通常采用 Sandbox 模式传输，标准输入文件采用 Sandbox 模式传输，标准输出和错误输出文件采用 Sandbox 模式传输。

2. GridFTP-based Transfer

采用 GridFTP 协议在 gLite 节点之间直接进行数据传输。

13.1.4　互操作环境部署

GOS 与 gLite 的互操作环境部署如图 13-5 所示。

操作数据空间用命令：

```
srm-dir -mkdir -s srm://euchina07.buaa.edu.cn:8443/srm/v2/server?SFN=~/job002
srm-dir -ls -s srm://euchina07.buaa.edu.cn:8443/srm/v2/server?SFN=~/job002
```

四个示例数据的三种 URL 地址如下。

SRM 协议地址：

```
srm://euchina07.buaa.edu.cn:8443/srm/v2/server?SFN=~/job002/test.txt
```

```
srm://euchina07.buaa.edu.cn:8443/srm/v2/server?SFN=~/job002/test1.txt
srm://euchina07.buaa.edu.cn:8443/srm/v2/server?SFN=~/job002/test2.txt
srm://euchina07.buaa.edu.cn:8443/srm/v2/server?SFN=~/job002/test3.txt
```

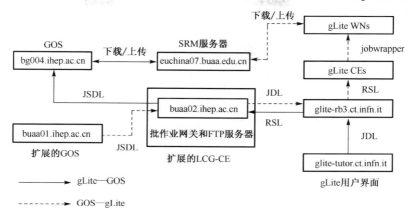

图 13-5　GOS 与 gLite 互操作的实际环境部署图

GridFTP 协议地址:

```
gsiftp://euchina07.buaa.edu.cn:2811//bestman/home/job002/test.txt
gsiftp://euchina07.buaa.edu.cn:2811//bestman/home/job002/test1.txt
gsiftp://euchina07.buaa.edu.cn:2811//bestman/home/job002/test2.txt
gsiftp://euchina07.buaa.edu.cn:2811//bestman/home/job002/test3.txt
```

FTP 协议地址:

```
ftp://.gilda:jsisrm_413@euchina07.buaa.edu.cn:21//bestman/home
/job002/test.txt
ftp://.gilda:jsisrm_413@euchina07.buaa.edu.cn:21//bestman/home
/job002/test1.txt
ftp://.gilda:jsisrm_413@euchina07.buaa.edu.cn:21//bestman/home
/job002/test2.txt
ftp://.gilda:jsisrm_413@euchina07.buaa.edu.cn:21//bestman/home
/job002/test3.txt
```

13.2　案例 2: 应用 Adaptor 模式使用 JSAGA 集成 GOS

13.2.1　环境构建

1. 开发语言和平台

该方法依赖于 JSAGA[4]以及 SAGA[5], 最终是以 JSAGA 的 Adaptor 形式封装好的 Jar 包, 与系统平台无关。SAGA 即 a Simple API for using Grid middleware in user

图 13-6　SAGA 与网格应用各部件的关系

Applications 的缩写，是 OGF 推荐的一种规范标准，它是供分布式应用开发人员调用网格中间件的一套标准 API，为分布式应用开发提供底层无关的高级程序接口。

关于 SAGA 同网格应用中各部件的关系如图 13-6 所示。

SAGA API 的开发目的并非取代 Globus 或者其他类似的网格中间件系统，其面向的对象不是中间件系统级开发者，而是没有网格计算开发背景的应用程序级开发人员。这类人员希望能将自己的主要时间和精力使用在所要设计的应用程序的逻辑上而不是底层交互调用细节的研究。SAGA API 的存在将应用开发程序人员同中间件系统隔离，使其能更专心于应用程序的开发。

网格间服务规范的制定，以及互操作的协议标准不属于 SAGA 的范畴。SAGA API 一直试图避免涉及可能被应用开发者调用的细节服务。API 仅对 OGF 规范内的服务进行包装和指定。

扩展性是 SAGA API 在设计上所着重考虑的：采用意义明确的扩展机制使得开发者可以按照需要通过添加新的组件对 API 进行功能扩展。SAGA 的核心 API 本身定义了许多组件，如作业管理组件、文件管理组件、复用管理、RPC 和流操作等。

JSAGA（a Java implementation of the simple API for grid applications）是 OGF 对 SAGA 规范采用 Java 语言的一种实现，提供了中间件的规范调用。其特性包括以下几个方面。

（1）规范：在现有的网格设施基础上提供规范统一的数据管理和作业管理。

（2）易扩展：适配器接口采用最小化代码职能的设计以集成支持新技术。

（3）平台无关性：大部分 Adaptor 均完全由 Java 实现，并且在 Windows、Linux、Mac OS 等不同操作系统平台的机器上通过测试。

关于网格中间件，JSAGA、SAGA 和分布式应用的关系如图 13-7 所示。最底层为各个网格机构的中间件系统，如 gLite、GOS 等。网格机构的开发人员根据 JSAGA 提供的规范和要求完成 Adaptor，包括 JobAdaptor、DataAdaptor 和 SecurityAdaptor。JSAGA CoreEngine

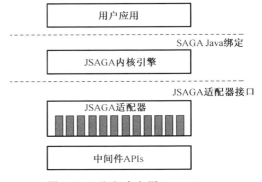

图 13-7　分布式应用、SAGA、JSAGA 与网格中间件的关系

通过适配器接口对各网格中间件进行调用,对上一层包装为符合 OGF 规定的 SAGA 规范。应用开发人员只需要知道 SAGA(JSAGA)规范即可进行应用开发而不必了解底层的实现和作业、数据内容的实际部署情况。因为 GOS、Torque 等都需要部署在 Linux 环境下,以及最后的 JSAGA-Driver 本质上是一种 Shell 脚本,因此本书选择在 Ubuntu Linux 操作系统下以 Java 语言进行 GOS 互操作接口的开发工作。

2. 开发工具

互操作接口基于 Ubuntu Linux 系统开发,详细开发工具如下:
(1)编译器采用 OpenJDK6。
(2)开发 IDE 采用 Eclipse 3.7 J2EE。
(3)Shell 脚本运行于 Bash Shell。
(4)构建工具使用 Maven2.2.1。

3. 运行环境搭建

为方便开发者进行 JSAGA Adaptor 的开发,提供了标准的 JSAGA Adaptor 开发框架,可以通过 Maven 进行构建,流程如下。
1)安装 JDK 1.5 或者以上版本
需注意 path 和 CLASSPATH 的设定。
2)安装 Maven 2.2.1 或以上版本
sudo apt-get install maven2。
3)下载 maven-archetype-jsaga-1.0.jar 并配置
mvn install:install-file -DgroupId = org.apache.maven.archetypes -DartifactId = maven-archetype-jsaga -Dversion = 1.0 -Dpackaging = jar -Dfile = maven-archetype-jsaga-1.0.jar。
4)创建项目框架
mvn archetype:generate -DarchetypeArtifactId = maven-archetype-jsaga。
5)将项目构建为 eclipse 工程
mvn install
mvn -s profiles.xml eclipse:eclipse
后续的开发工作则在此项目框架上进行。

13.2.2　架构设计

根据需求分析的结果,基于 GOS 互操作接口的扩展将包括两个部分,一部分为 GOS Adaptor 的设计与实现,其他网格可以通过其向 GOS 提交作业和对其资源进行访问。另一部分为 GOS 的 JSAGA-Driver 扩展,JSAGA-Driver 并列于 PBS-Driver、LSF-Driver,将作业信息转换为 jsaga 命令向其他网格进行作业提交。

1. GOS Adaptor

总体结构如图 13-8 所示，由文件转换模块（convertor）、用户映射模块、动态类加载模、Adaptor 模块（Job Adaptor/Security Adaptor/Data Adaptor）等几部分组成。

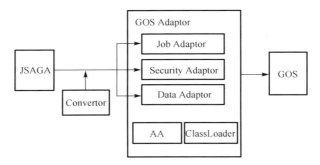

图 13-8　GOS Adaptor 的总体结构

其他网格或者应用程序可以通过 JSAGA 提供的命令行或者 Java API 提交和管理作业。作业或命令经过 JSAGA-Engine 的整理和分析后通过相应的适配器提交到具体的网格机构中。

JSAGA-Adaptor 将包含 Job、Data、Security 三种中的一个或多个。其中，Job Adaptor 主要负责作业的提交与作业状态的查询，是 GOS Adaptor 的主要组成部分。Data Adaptor 负责对远程数据进行操作，如文件结构的修改与创立、复制文件等，提供数据的物理与逻辑表示。Security Adaptor 负责访问者的身份认证与权限管理。后文将重点对 Job Adaptor 进行分析、设计与实现。

2. JSAGA-Driver

向 GOS 提交作业后，GOS 中间件的处理流程如图 13-9 所示。

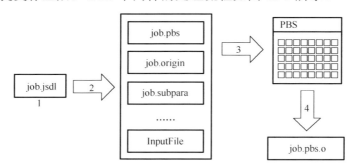

图 13-9　GOS 处理作业的流程

GOS 接受 JSDL 描述的作业提交。例如，作业名为 GOS_Job_Submit，作业执行的资源要求为 CPU 数目 1，物理内存 30MB，虚拟内存 30MB，数据来源为 ftp 服务器 ftp://10.1.1.80 上的 print.c 文件,将执行 ls -l、cat print.c、gcc-o print print.c 和./print 命令。GOS 接收到作业提交后,会将其进行内容分析和整理,以及相关的数据准备工作。进而通过 Driver 机制将作业部署到本地集群调度系统上,如 PBS、LSF、Condor 等。作业被分解为 job.origin、job.pbs、job.subpara、job.tmp 及 JSDL 描述中提到的存放于 ftp 服务器上的 print.c 文件。分解后的作业由 pbs_driver_function.sh 和 pbs_driver_sudo.sh 提交,并输出运行结果于文件 job.pbs.o 中。

JSAGA-Driver 与 GOS 的关系即总体结构如图 13-10 所示。GOS 将作业转化后提出 5 种调用的接口,分别是作业提交、作业状态查询、作业终止、获得作业的输出结果和获得作业详情。

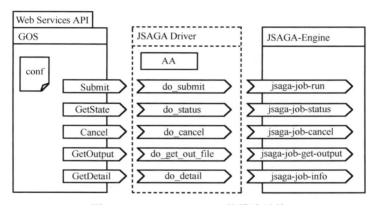

图 13-10　JSAGA-Driver 的模块结构

13.2.3　模块设计

1. 作业适配接口模块(GOSJobAdaptor)

本模块功能是为 JSAGA-Engine 提供作业提交、作业状态查询、作业终止、作业列表等操作的调用。

GOSJobAdaptor 继承自 JSAGA 提供的 Adaptor 类并且需要实现 JobAdaptor 接口。GOSJobAdaptor 需要向 JSAGA-Engine 提供调用方法和调用规则,同时完成对 GOSAPI 的正确调用。此处需要注意 JSAGA 和 GOS 所依赖的包可能存在冲突,因此需要引入类的动态加载机制。

2. 安全适配接口模块(GOSSecurityAdaptor)

本模块功能为 JSAGA-Engine 提供用户身份认证与管理服务。

GOSSecurityAdaptor 需实现 JSAGA 提供的 SecurityAdaptor 接口。同 GOSJobAdaptor 一样,GOSSecurityAdaptor 需要向 JSAGA-Engine 提供一些调用规

则，因此在实现过程中，可以为 GOSSecurityAdaptor 和 GOSJobAdaptor 设计相同的父类来实现此类方法。

3. JSAGA-Driver 模块（JSAGA-Driver）

本模块功能为使 GOS 中间件通过此模块对其他的网格资源进行调用。

JSAGA-Driver 是 GOS 互操作接口的重要组成部分，采用 Shell 脚本来实现此模块的功能。参考 GOS 中的 LSF-Driver 设计和 GOS 的实现，可知 GOS 通过 submit、cancel、stat、getOutput 和 getDetail 五种命令来调用 Driver 脚本。因此可以根据调用参数的不同将相应的命令转化为 JSAGA 命令的形式。

4. 动态加载模块（ClassLoader）

JSAGA 和 GOS 都需要引用一些依赖包，在涉及类似操作的时候，可能出现调用了同一个功能的 jar 包，但不同版本之间的实现和一些兼容性问题导致依赖包引用冲突，程序运行错误。

Java 提供相关的动态加载机制，但由于 URLClassLoader 提供的 addURL（URL url）方法是 protect 方法，对外不可见，因此可以采用 Java 的反射机制调用 Method.invoke 方法对其进行调用。

5. 文件转换模块（Convertor）

不同的网格之间所采用的作业描述标准是不一样的，这与不同的网格机构独立发展造成的异构性有关，因此进行网格之间的互操作可能需要对文件描述进行转换。GOS 所支持的作业描述是 JSDL 标准。此模块可以将其他形式的作业描述转化为 JSDL 描述。

作业的 JSDL 描述本质上是一个 JSDL 标准的 XML 格式的文件。因此，可以准备一系列的 JSDL 模板，将得到的作业描述参照 JSDL 模板进行替换，即可完成 JSDL 的翻译工作。开发中，可以将语义的转换设计为一个接口以方便多种转换方式的扩展。

6. 用户映射模块（AuthenticationAssertion）

不同网格机构都会有自己的身份验证系统，维护自身的用户信息。不同网格之间进行互操作，就涉及用户身份验证的问题。同一作业在不同网格提交后所得到的作业 ID 也一定会有所不同。因此，需要用户映射模块来对用户身份进行映射，同时还要维护用户的配置信息以及作业 ID 的匹配信息。

此模块需要完成多种信息的匹配操作，设计上可以采用 Map 结构来进行匹配，需要注意的是，需要匹配信息的多样性和复杂性。在用户和作业数目更多的情况下，可以设计更高效的匹配算法来完成此功能。

13.2.4   作业适配接口模块实现

1. 实现类图

JSAGA 规范规定，JobAdaptor 必须包含 JobControlAdaptor 和 JobMonitorAdaptor 两部分。JSAGA Engine 将通过对其接口调用实现作业的提交、作业状态的查询等操作，其类图如图 13-11 所示。

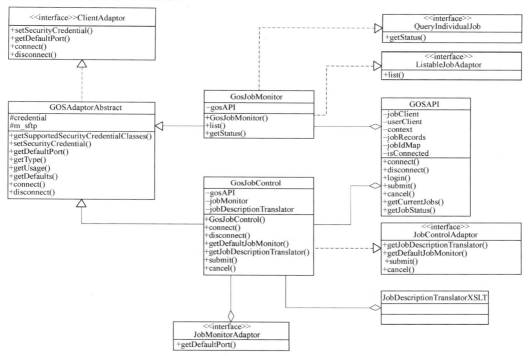

图 13-11   项目类图

2. 结构及详细说明

JobAdaptor 的主体部分为图 13-11 所示，下面详细介绍各个部分的功能和实现。

1）GOSAdaptorAbstract

JobControlAdaptor 和 JobMonitorAdaptor 均涉及一些共有的函数实现，如 getType、getUsage 等。所以创建抽象类 GOSAdaptorAbstract 实现部分共有的函数，以简化代码的结构（图 13-12）。

GOSAdaptorAbstract 的主要方法说明见表 13-1。

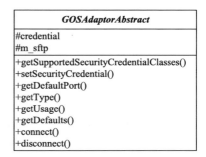

图 13-12   GOSAdaptorAbstract 类

表 13-1　GOSAdaptorAbstract 主要方法

方法名	返回类型	作用	其他说明
getType	String	取得该 Adaptor 的种类，如 GOSAdaptor、gLiteAdaptor	—
getUsage	Usage	取得一个描述如何使用这个适配器的数据结构	—
getDefaultsPort	Int	取得默认的端口号	GOS 默认端口号 38080
getDefaults	Default[]	取得默认参数	—
Connect	Void	建立连接	抽象方法
Disconnect	Void	断开连接	抽象方法

2）GosJobMonitor

JobMonitorAdaptor 负责作业状态的查询，其通过调用 GOSAPI 实现的作业查询方法 getCurrentJobs 和 getJobStatus 将得到的作业信息进行相应的格式转换后返回给 JSAGA-Engine。此部分重点在于作业状态的格式转换，如 GOS 的 API 中返回的作业状态信息保存于 JobRecord 对象中（由 GOS 定义），而 getStatus 方法需要返回 JobStatus 对象表示的作业状态信息（图 13-13）。

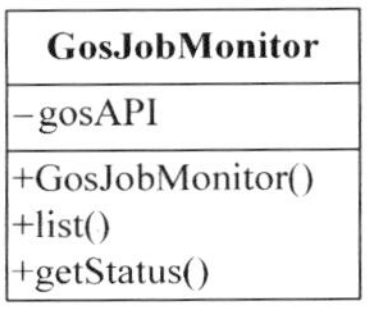

图 13-13　GosJobMonitor 类

3）GosJobControl

JobControlAdaptor 负责同平台进行初始化操作，作业的提交与撤销。此部分重点在于与 GOS 平台连接的操作。因为 GOS 中间件将功能包装成 Web Service 的形式，其用到了 Axis 框架。同时 JSAGA 方面调用了同样的包依赖关系，但两者的 Axis 版本号不同，进而造成依赖包冲突的问题（图 13-14）。

解决这个问题的方法是对 axis.jar 包进行动态加载，以保证 JSAGA 和 GOS 操作的正常运行。

4）GOSAPI

GOSAPI 是针对 GOS 中间件系统所提供的 API 进行综合、验证和包装供 JSAGA 调用。Adaptor 全部涉及 GOS 中间件的操作均由其提供（图 13-15）。

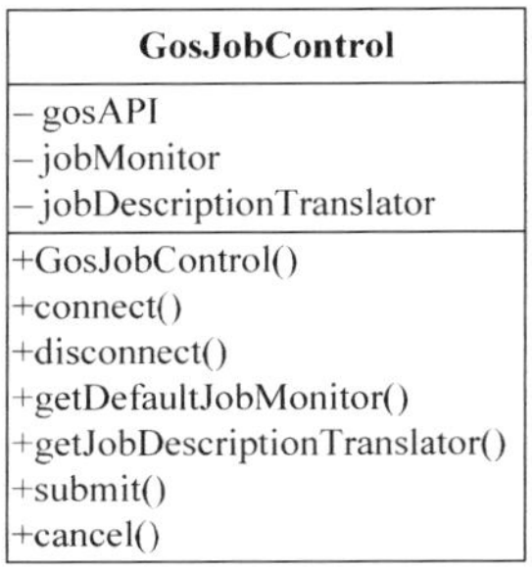

图 13-14　GosJobControl 类

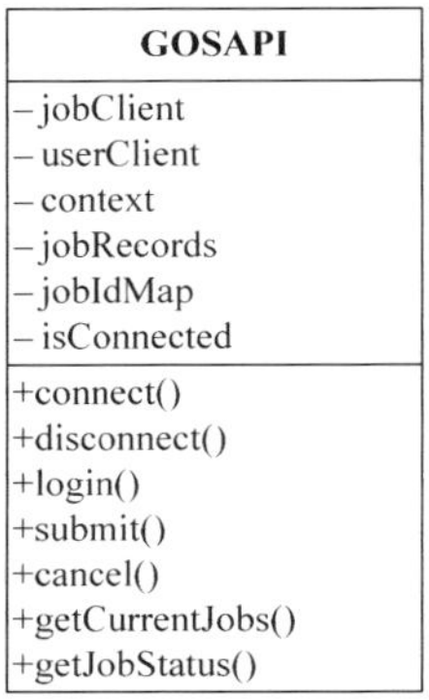

图 13-15　GOSAPI 类

设计上 GOSAPI 采用了单例设计，确保只有一个实例被创建，保证其线程安全。

13.2.5　安全适配接口模块实现

JSAGA 规定所开发的 Security Adaptor 必须实现 SecurityAdaptor 接口中的方法。本工程中此处采用类似于 SSH 验证的方式来实现。使用了 RSA/DSA 互补验证机制。主要的方法描述见图 13-16、表 13-2 所示。

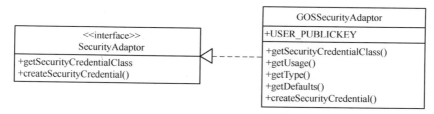

图 13-16　GOSSecurityAdaptor 类

表 13-2　GOSSecurityAdaptor 主要方法

方法名	返回类型	作用
getType	String	取得该 Adaptor 的种类，如 GOSAdaptor、gLiteAdaptor
getUsage	Usage	取得一个描述如何使用这个适配器的数据结构
getDefaults	Default[]	取得默认参数
getSecurityCredentialClass	SecurityCredential	取得认证信息
createSecurityCredential	SecurityCredential	创建认证信息

13.2.6　JSAGA-Driver 模块实现

GOS 提供了 Driver Command 的五种调用接口，区别在于使用的调用参数不同。其命令格式如图 13-17 所示。

```
1. To submit job:   driver_command.sh -u user -p filePrefix -b -w workingDir
2. To bstat job:    driver_command.sh -u user -p filePrefix -i jobId -s -w workingDir
3. To cancel job:   driver_command.sh -u user -p filePrefix -i jobId -c -w workingDir
4. To get output:   driver_command.sh -u user -p filePrefix -i jobId -r -w workingDir
5. To get detail:   driver_command.sh -u user -p filePrefix -i jobId -d -w workingDir
```

图 13-17　GOS 调用 Driver Command 命令格式

可见，GOS 调用 Driver Command（driver_command.sh）的时候，使用了不同的参数，分别通过-b、-s、-c、-r、-d 来表示作业提交、作业状态查询、终止作业、获得作业输出和获得作业详细信息。由此可以编写 JSAGA 的 Driver 脚本对参数进行判断，进而调用不同的函数来实现 JSAGA Command 的调用。Driver 脚本的主要代码如图 13-18 所示。

```
# first check the parameter
[ $1 = "-u" ]|| exit $CONST_EXIT_PARA_FAULT
[ $3 = "-p" ]|| exit $CONST_EXIT_PARA_FAULT
# dispatch the function
if test $5 = "-b" ;then
        # generate the batch script and submit
        [ $? -ne "0" ] && exit $CONST_EXIT_CMD_FAILED_FAULT
        do_submit
        [ $? -ne "0" ] && exit $CONST_EXIT_CMD_FAILED_FAULT || exit   $CONST_EXIT_SUCCESS
else
        if test $5 = "-i" ;then
                # Dispatch the operation selections
                case $7 in
                        "-s")
                                #Wanna get the status
                                do_status $6;;
                        "-d")
                                #Wanna get the detail job information
                                do_detail $6;;
                        "-c")
                                #Wanna cancel job
                                do_cancel $6;;
                        "-o")
                                #Wanna get output file name
                                do_get_out_file $6;;
                        "-r")
                                #Wanna get the Sceen Output of the indicated Job.
                                do_screen_output $6;;
                        "-post")
                                #do the post process in workingdir of the indicated Job.
                                [ ${10} = "-f" ] || exit $CONST_EXIT_PARA_FAULT
                                [ ${11} != "" ] || exit $CONST_EXIT_PARA_FAULT
                                do_process $6 ${11};;
                        *)
                                ##the parameter is not valid
                                exit $CONST_EXIT_PARA_FAULT;;
                esac
        else
                ##the parameter is not valid
                exit $CONST_EXIT_PARA_FAULT
        fi
fi
```

图 13-18　JSAGA-Driver 脚本主要代码

13.2.7　动态加载模块实现

　　jar 包的动态加载通过 SystemURLClassLoader 的 loadJarFile 方法（加载一个 jar 包）和 loadJarPath 方法（加载路径下所有的 jar 包）两种方法来实现。

　　在编写动态加载模块的过程中，遇到了很多问题。在 Java 中，即使是同一个类文件，如果是由不同的类加载器实例加载的，那么它们的类型是不相同的。因此许多动态加载的方法运行时都抛出异常（如 ClassNotFoundException、ClassCastException）。最终在确定 AppClassLoader 是 URLClassLoader 的子类，而 URLClassLoader 提供了一个 protected void addURL（URL url）的方法，可以加载 jar 包后，决定通过反射机制对 addURL 方法进行调用，实现动态加载模块，在程序中加载自己的 jar 包。其核心代码如图 13-19 所示。

```
private static Method addURL = initAddMethod ();
private static final Method initAddMethod () {
        try {
                Method add = URLClassLoader.class.getDeclaredMethod ("addURL", new Class[] { URL.class }); // 得
到 URLClassLoader 的 addURL 方法
                add.setAccessible (true);
                return add;
        } catch (Exception e) {
                e.printStackTrace ();
        }
        return null;
}
private static URLClassLoader system = (URLClassLoader) ClassLoader.getSystemClassLoader ();
public static final void loadJarFile (File file) {
        try {
                addURL.invoke (system, new Object[] { file.toURI ().toURL () });// 通过反射机制调用
URLClassLoader 的 addURL 方法 参数为 jar 文件的 URL 信息。
        } catch (Exception e) {
                e.printStackTrace ();
        }
}
```

图 13-19　动态加载模块核心代码

13.2.8　文件转换模块实现

文件转换模块类图如图 13-20 所示。

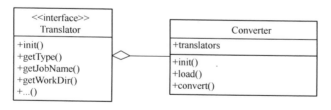

图 13-20　Converter 类

文件转换模块定义了一个解释接口 Translator，其作用是实现从需要转换作业描述中得到作业信息的方法。Converter 包含一个解释器集合，包含了实现解释接口的各种解释器对象。调用 convert (String from) 方法的时候，从解释器集合中选择出 from 类型的解释器，然后选择出适合的替换模板，对模板中的作业信息进行替换操作，从而实现作业描述翻译。其扩展操作也很简单，只需要在 Converter 的解释器集合中添加新的类型的解释器即可。

13.2.9　用户映射模块实现

用户映射模块负责维护不同网格之间用户信息的映射关系和作业的映射关系。其定义了 UserInfo 和 JobInfo 两个类，分别用于维护用户信息(包括用户名、认证信息、用户权限等)和作业信息(包括作业 id、工作目录、输出文件信息、错误输出信息等)。

用户映射模块采用 HashMap 来实现，通过 Serializable 接口实现序列化。在用户和作业数目更多的情况下，可以尝试设计并使用更加高效的匹配算法来完成此项功能。

参 考 文 献

[1] CNGrid GOS 4.0. http://www.cngrid.org/gos/index.jhtml. 2009.

[2] gLite. http://glite.web.cern.ch/glite/. 2009.

[3] OGF Grid Storage Management Working Group (GSM-WG). SRM (Storage Resource Management) specification V2.2. https://sdm.lbl.gov/srm-wg/doc/SRM.v2.2.html. 2009.

[4] JSAGA. http://grid.in2p3.fr/jsaga/. 2009.

[5] Jha S, Kaiser H, Merzky A, et al. Grid interoperability at the application level using SAGA. Third IEEE International Conference on e-Science and Grid Computing, India, 2007:584-591.